Leinentraining

AUTORIN: LEO BUSCH | FOTOGRAF: OLIVE

Inhalt

Wie tickt mein Hund?

Eine Leine braucht der Mensch für den Hund. Das wird jedem Hundebesitzer früher oder später klar. Aber was für eine? Und wie geht man damit um? Wie kann man auch an der Leine Spaß haben? Wie kann sie sinnvoll zur Erziehung eingesetzt werden? Diese Fragen sollen in diesem Ratgeber beantwortet werden.

Mit dem Hund verbunden

Eigentlich träumt man ja davon, einen Hund an seiner Seite zu haben, der keine Leine braucht, der einem unaufgefordert folgt und der im besten Falle lediglich durch ein mentales Band mit einem verbunden ist. Oder man verschwendet als frisch gebackener Hundebesitzer zunächst überhaupt keinen Gedanken daran, ob es am einen oder anderen Ende der Leine zu Komplikationen kommen kann.

Warum eine Leine notwendig ist

Die Wirklichkeit sieht ein klein wenig anders aus. Es kann Ihnen durchaus gelingen, Ihren Hund so an sich zu binden, dass Sie im Grunde auf das Hilfsmittel Leine verzichten könnten. Es wird aber immer wieder Situationen geben, in denen Sie nicht ohne Leine mit Ihrem Hund unterwegs sein können. Vielerorts ist die Leine – etwa im Wald, in Landschafts- oder Naturschutzgebieten – gesetzlich vorgeschrieben. Und in manchen Fällen – zum Beispiel bei der Pause an einer Autobahnraststätte – ist es auch sinnvoll, den Hund zu seinem eigenen Schutz anzuleinen.

Sie kennen vielleicht die üblichen Bilder: Menschen lassen sich von ihren Hunden am lang ausgestreckten Arm durch die Gegend ziehen. Warum ist das so? Wieso ziehen Hunde, selbst wenn sie sich dabei scheinbar selbst strangulieren? Die Antwort ist meistens relativ einfach. Weil es häufig zu ihrem Vorteil ist. Ein Dackel, der röchelnd durch die Straßen läuft, hat trotz Sauerstoffmangels immer noch den Eindruck, selbst den Weg vorzugeben und Tempo und Richtung des Spaziergangs zu bestimmen. Dass so ein Spaziergang auch anders aussehen kann, ist kein Hexenwerk. Meistens müssen dafür nur ein paar Missverständnisse zwischen Mensch und Hund aus dem Weg geräumt werden.

Mit welcher Hundepersönlichkeit arbeite ich?

In diesem Ratgeber sollen nicht die verschiedenen Ansätze der Hundeerziehung erörtert werden. Ob Sie Rudelführer sein wollen oder mit Ihrem Hund einen Jagdausflug nachstellen, ob es um Belohnung geht oder darum, Grenzen zu setzen, ob Sie Ihren Hund als Sozialpartner verstehen oder als Begleiter bei der Arbeit: das Ziel ist entscheidend. Und das sollte lauten: Sie und Ihr Hund sollen sich mit Leine wohlfühlen und möglichst entspannt zu zweit vorwärtskommen. Dass jeder dabei andere Wünsche hat, versteht sich von selbst. Die einen Menschen wollen gern mit Hund in der Stadt bummeln, andere die Natur genießen. Hunde wollen Düfte aufnehmen, vielleicht markieren und jagen. Entscheidend bei den Trainingsmethoden, die in diesem Ratgeber vorgestellt werden, ist die jeweilige Mensch-Hund-Beziehung. Dabei spielen die individuellen Ziele des Menschen genauso wie die Motivationen des Hundes eine Rolle.

Die Welt aus Welpenaugen

Ein Welpe muss beispielsweise seine Welt erkunden können. Dass Spaziergänge nicht mit Stoppuhr und auf festgelegter Route möglich sind, wird schnell ersichtlich. Für den Nachwuchs ist jedes Blatt interessant, jeder Vogel ein neues Wesen. Ziehen an der Leine ist unvermeidbar, entspricht Entwicklungs- und Reifegrad des Hundes. Auch ganz junge Hunde können sich aber schon an Schrittlänge und Geschwindigkeit des jeweiligen Menschen gewöhnen – vor allem, wenn man ihnen Leine und Halsband als etwas Angenehmes zu präsentieren versteht (→ Seite 12).

Die Herkunft zählt

Bei einem erwachsenen Hund stellen sich andere Fragen. Viele ehemalige Straßenhunde aus südlichen Ländern hatten mit Leine und Halsband noch nie etwas zu tun. Sie reagieren verunsichert, ängst-

Land oder Stadt? Großer oder kleiner Hund? Passen Sie Ihr Training immer den Gegebenheiten an.

lich oder voller Panik auf Anleinversuche. Bei diesen Hunden kann die Zusammenarbeit mit einem Hundetrainer notwendig sein.

Andere erwachsene Hunde sind zwar an Leine und Halsband gewöhnt. Das heißt aber nicht, dass sie »gut an der Leine gehen«. Entweder sie ziehen, wechseln permanent die Seite oder sind nicht in der Lage, ihr »Geschäft« an der Leine zu verrichten. Hier bietet sich ein Leinentraining an, das in unterschiedlichen Stufen aufgebaut werden kann.

Wer einen übermotivierten Jäger an der Leine hat oder einen Hund, der bei Begegnungen mit Artgenossen auf zwei Beinen im Halsband hängt und – wenn er könnte – auch zubeißen würde, wird oft nicht ohne professionelle Hilfe auskommen. Auch sehr ängstliche Hunde, die panisch in die Leine rennen, sobald ihnen zum Beispiel ein fremder Artgenosse entgegenkommt, benötigen meist mehr Unterstützung, als dieser Ratgeber leisten kann.

Ziele der Leinenführigkeit

Doch in den allermeisten Fällen ist Leinentraining keine große Sache. Sie sollten sich nur über ein paar Dinge im Klaren sein:

› Wie ist der Entwicklungsstand Ihres Hundes?

› Welche Umwelteinflüsse spielen eine Rolle?

› Mit welchen Ablenkungen müssen Sie auf Ihrem Spazierweg rechnen?

› Was können Sie von Ihrem Vierbeiner, aber auch sich selbst verlangen, ohne ihn und sich zu über- oder unterfordern?

› Wollen Sie einen Hund, der exakt auf Kniehöhe neben Ihnen an durchhängender Leine geht – immer links zum Beispiel – und häufig zu Ihnen aufschaut? Oder ist Ihnen die genaue Position des Hundes nicht so wichtig, Hauptsache, er zieht nicht und macht alle Richtungs- und Tempowechsel mit?

Gerade zu Anfang bietet sich zum Üben der Leinenführigkeit ein ruhiges Gelände ohne ablenkende Reize von außen an.

› Wie sollen Ihre Spaziergänge aussehen? Sind es »nur« die alltäglichen Besorgungen, bei denen Ihr Hund Sie angeleint begleiten soll und der eigentliche Hundespaziergang findet ohne Leine statt? All diese Motive und Zielsetzungen sind für das Training entscheidend – und damit auch für die Art und Weise Ihrer Konsequenz, Ihres Timings und Ihrer Genauigkeit.

Eine Rolle spielt zudem die Rassezugehörigkeit Ihres Hundes. Von einem Australian Shepherd können Sie eine höhere Reaktionsfähigkeit und auch Genauigkeit erwarten als von einem eher behäbigen Neufundländer. Ein Podenco wird sich durch jagdliche Reize stärker ablenken lassen als ein ShihTzu. Dennoch sollte man diese Rassefragen nicht überbewerten. Durch verschiedene Anleinmöglichkeiten kann man klare Verhältnisse schaffen (→ Seite 8/9).

Halsbänder und Leinen

Flexileine

Mit dieser Vorrichtung entfällt das lästige eigenhändige Einrollen einer langen Leine, die eventuell total verschlammt ist. Nachteil: Flexileinen rollen sich nur aus, wenn sie sich straffen. Der Hund lernt also in gewisser Weise zu ziehen.

Zugstopp-Halsband

Der Vorteil an dieser Art von Halsband besteht darin, dass man es dem Hund einfach über den Kopf ziehen kann. Wenn der Hund nicht angeleint ist, liegt es normalerweise nur locker um seinen Hals. Nur auf Zug zieht es sich zusammen, doch der integrierte »Stopp« verhindert ein Würgen.

Verstellbare Leine

Diese Art von Leine ist der Klassiker und eigentlich für jeden Hundehalter sinnvoll. Sie ist stabil und lässt sich in der Länge verstellen. Zum Bummeln in der Stadt lässt sie sich ebenso einsetzen wie für einen längeren Spaziergang in der freien Natur.

Moxonleine

Sie kommt aus dem Jagdbedarf und hat den Vorteil, dass das Halsband Teil der Leine ist. So ist schnelles »Aus- und Anziehen« möglich. Aber genau das ist auch der Nachteil: Ist die Leine ab, trägt der Hund auch kein Halsband mehr.

Geschirr

Wer kein Halsband mag, kann auch auf ein Geschirr zurückgreifen. Es gibt sie in unterschiedlichen Varianten. Auch hier sollte – wie beim Halsband – auf gute Passgenauigkeit geachtet werden, damit nichts reibt oder scheuert.

Halti

Dieses Kopfhalfter für Hunde wird nur in Kombination mit einem Halsband oder einem Geschirr verwendet und stellt ein zusätzliches Hilfs- und Erziehungsmittel dar. Es sollte nicht ohne Einweisung eingesetzt werden und – abgesehen von Ausnahmefällen – möglichst nur übergangsweise benutzt werden.

Schleppleine

Dieses Hilfsmittel in der Hundeerziehung wird dann eingesetzt, wenn man am Freilauf des Hundes etwas verändern will. Sie dient hauptsächlich dazu, einen bestimmten Radius zu etablieren, in dem sich der Hund später auch ohne Leine bewegen soll.

Gut gerüstet für jede Gelegenheit

Für einen normalen Spaziergang bieten sich ein schlichtes Zugstopp-Halsband und eine Leine mit variabler Länge an. So ist es möglich, in engen Straßen den Hund an der kurzen Leine zu führen, während er dann im Park oder Wald an langer Leine ein wenig mehr Freiheit genießen darf. Das Zugstopp-Halsband bietet den Vorteil, dass man es schnell über den Kopf ziehen kann und bei lockerer Leine der Hundehals nicht eingeschnürt wird. Wird die Leine straff, zieht sich das Zugstopp-Halsband zusammen, ohne den Hund zu würgen, da ein Stopp mit eingebaut ist.

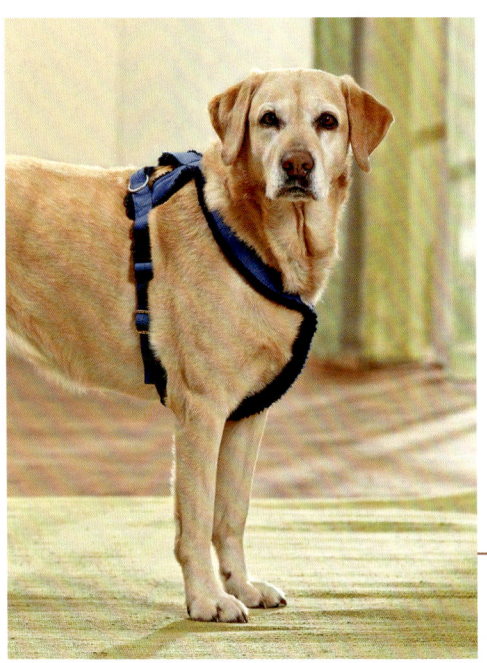

Alternative Hilfsmittel

Geschirr Viele Hundehalter greifen zu Geschirren, da sie ihnen »hundefreundlicher« erscheinen. Allerdings muss auch ein Geschirr individuell auf den betreffenden Hund angepasst werden – da hilft der Gang ins Fachgeschäft. Wer einen Hund hat, der zieht, sollte auf das Geschirr besser verzichten. Zum einen kann der Hund sich ins Geschirr mit seinem ganzen Gewicht reinhängen. Zum anderen kommt es zu Problemen im Schulter- oder Gelenkbereich, weil einseitige Belastungen auftreten, wenn der Hund leicht schräg an der Leine zieht.

Retriever- oder Moxonleinen Sie stammen aus dem Jagdhundebedarf und haben an einem Ende eine Art Zugstopp-Halsband integriert. Dieses ist schnell über den Kopf gezogen und wieder heruntergestreift. Mit Moxonleinen muss man seinen Hund gut im Freilauf handhaben können. Wer einen Hund hat, der nicht gern aus dem Freilauf zurückkommt oder der auch mal kurz am Halsband gehalten werden muss, der sollte auf den alleinigen Einsatz einer Moxonleine verzichten.

Flexileinen Auf sie greifen Besitzer kleinerer Rassen gerne zurück. Sie bestehen aus einem Plastikgehäuse, in das sich die Leine durch eine Feder wieder einrollt, und vermitteln den Eindruck größtmöglicher Freiheit für den Hund. Allerdings kann die Flexileine nur auf Spannung ausgerollt werden. Das heißt, der Hund lernt in gewisser Weise zu zie-

Geschirr oder Halsband? Das ist keine Glaubensfrage, denn beide Mittel dienen dem selben Zweck, dem Befestigen der Leine.

hen. Der zweite Nachteil ergibt sich aus der Variabilität. Die Leine kann in ihrem Auszug durch einen Knopfdruck des Menschen jederzeit gestoppt werden. Das bedeutet für den Hund eine Ungewissheit darüber, wann er sich wie weit entfernen darf und kann. Für den täglichen Gebrauch sind sie deshalb nicht zu empfehlen. Soll dem Hund aus Krankheitsgründen der Freilauf zwar beschränkt, aber nicht ganz verwehrt werden, sind sie sinnvoll.

Schleppleine Wer den »Aktionsradius« seines Hundes im Freilauf einschränken will, der kann zum Training auf die Schleppleine zugreifen. Diese zwischen 5 und 20 Meter langen Leinen schleifen auf dem Boden hinter dem Hund her. Sein Radius bleibt beschränkt, dennoch genießt er das Gefühl der Freiheit, da er nach rechts und links, nach vorne oder zurück laufen kann (→ Seite 46).

Halsband Für unproblematische Fälle reicht ein schlichtes Band mit einer Metallschnalle. Plastik-Clip-Verschlüsse sollten Sie vermeiden: Sie leiern leicht aus und springen eventuell unter Druck auf.

Leine Es genügt im Grunde genommen, wenn die Leine bei einer Länge von drei Metern zwei bis drei verschiedene Längeneinstellungen hat, gut vernäht ist und sich auch – bei Nichtgebrauch – praktisch um den eigenen Hals hängen lässt.

Gezieltes Training mit dem Halti

Dieses Kopfgeschirr funktioniert wie ein Pferdehalfter. Es wird immer an zwei Stellen befestigt: ein Karabiner am Halti, einer am Geschirr oder Halsband. Vor- und Nachteile werden heftig debattiert. Eine zierliche Frau, die einen großen, schwer kontrollierbaren Rüden am Halti führt, wird aber begeistert sein, weil sie nicht mehr von ihm durch die Gegend geschleift wird. Mit der Handhabung sollte man sich vertraut machen (→ Seite 44).

Erziehungsmittel fürs Training

TIPPS VON DER
HUNDE-EXPERTIN
Leo Busch

Wer heute in ein Zoofachgeschäft geht, sieht sich mit diversen Erziehungsmitteln konfrontiert. Sie funktionieren ganz unterschiedlich. Nur wer über Lerntheorie und Lernverhalten seines Hundes etwas Bescheid weiß, kann sie guten Gewissens einsetzen. Wer nicht weiterweiß, kann sich von einem Trainer einweisen lassen.

DISC-SCHEIBEN Die klappernden Metallscheiben sollen als Unterbrechung wirken. Lassen Sie sich den Einsatz von einem erfahrenen Trainer zeigen. Gerade ängstliche Hunde können panisch reagieren.

SPRÜHHALSBAND Auch ein Sprühstoß mit Zitrusduft oder Wasser soll beim Hund ein Verhalten abbrechen, wenn er dazu ansetzt, etwas Verbotenes zu tun. Auch hier sind Timing und Verhältnismäßigkeit entscheidend, sonst kann der Hund sein Fehlverhalten nicht verknüpfen.

CLICKERTRAINING Mit Clicker können Sie auch auf Entfernung Ihrem Hund vermitteln, wenn er etwas richtig gemacht hat und ihn belohnen. Die Anwendung lernen Sie in vielen Hundeschulen.

Halsband und Leine positiv kennenlernen

Egal, ob ein Welpe oder ein erwachsener Hund Einzug in Ihren Haushalt gehalten hat. Sie sind für die Atmosphäre zuständig, in der Ihr Vierbeiner Leine und Halsband kennenlernt. Nehmen Sie sich Zeit für diesen Lernprozess. Schließlich wollen Sie ja, dass Ihr Hund Ihnen freudig entgegenkommt, wenn Sie die Leine in die Hand nehmen.

Spielerisches Kennenlernen

› Setzen Sie sich mit den Utensilien, die der Vierbeiner kennenlernen soll, auf den Boden. Lassen

1 Lassen Sie Ihrem Hund ausreichend Zeit, das Halsband zu beschnüffeln. Schnell wird er dann von selbst den Kopf durch das Halsband stecken.

2 Während Sie das Halsband überziehen, geben Sie Ihrem Hund ein Leckerchen. So verbindet der Hund diese Aktion mit etwas Positivem.

Sie den Hund daran schnuppern, vielleicht auch lecken. Loben Sie ihn für sein Interesse.
› Legen Sie ihm öfter spielerisch das Halsband um und nehmen Sie es gleich wieder ab. Sie können zu Anfang das Halsband auch überstreifen und dem Hund gleichzeitig ein Leckerchen geben.
› Prüfen Sie gelassen, ob das Halsband gut sitzt. Manche Hunde können sich in aberwitziger Geschwindigkeit daraus herauswinden. Gerade in Straßennähe kann das lebensgefährlich werden.
› Für das erste Anleinen wäre es gut, eine ruhige Situation zu Hause zu nutzen und den Hund einmal kurz das neue Gewicht des Karabiners am Halsband spüren zu lassen. Erst dann sollte man sich draußen all den Ablenkungen stellen, die ein Hundeleben so aufregend machen.
› Wer einen kleinen Hund das erste Mal anleint, um hinauszugehen, der kann körpersprachlich signalisieren, dass Anleinen kein »Attentat« darstellt. Also ruhig beim Anleinen in die Hocke gehen und sich nicht übermächtig über den Hund beugen.
› Achten Sie darauf, dass der Karabiner geschlossen ist. Manchmal verhindert etwas Schmutz im Haken ein festes Schließen, und Sie haben nach drei Metern nur noch eine Leine an der Hand.

Geschirr anziehen

Auch an ein Geschirr muss sich ein Hund erst gewöhnen. Wie beim Halsband sollte das immer in einer entspannten und möglichst ablenkungsfreien Umgebung passieren.
› Vergewissern Sie sich vor dem Überziehen des Geschirrs, dass Sie die Funktionsweise des jeweiligen Modells kennen und wissen, wo vorne und

hinten, oben und unten ist. Wer hektisch an seinem Hund herumnestelt und ihn drei- bis viermal an- und ausziehen muss, bis alles richtig sitzt, tut sich und seinem Tier keinen Gefallen.

› Gehen Sie behutsam mit Ihrem Hund um: Wenn es beispielsweise notwendig ist, dass er eine Pfote durch eine Schlaufe steckt, führen Sie diese Pfote vorsichtig und nicht mit Brachialgewalt durch das Geschirr. Druck erzeugt immer Gegendruck.

› Wenn Ihr Hund das Geschirr anhat und kein Problem mit dem »ungewohnten Anzug« bekommt, können Sie das Anleinen in Angriff nehmen.

› Auch mit Geschirr sollten Sie den Hund vor dem ersten Spaziergang kurz einmal zu Hause an die Leine nehmen. Leinenführigkeit mit einem Geschirr unterscheidet sich etwas von der am Halsband. Das Geschirr setzt an der Körpermitte des Hundes an, Ihre Signale kommen nicht so deutlich wie mit dem Halsband beim Hund an. Sind hektische Menschen oder Kinder mit dem Hund unterwegs, kann das von Vorteil sein. Doch in der verzögerten Übermittlung eines Signals liegt auch der Nachteil eines Geschirrs. Entscheiden Sie, was Ihnen mehr zusagt!

Ableinen

Dieser Schritt bedeutet in den meisten Fällen, dass der Hund in den Freilauf darf. Das führt dazu, dass der Vierbeiner beim lösenden Klick des Karabiners nach vorne schießt und Sie keine Kontrolle mehr über ihn haben. Ihr Hund sollte deshalb lernen, dass Losstürmen unerwünscht ist.

› Sie können etwa mehrfach mit dem Verschluss klicken, ohne den Karabiner schon zu lösen. Sie

können ihn auch kurz am Halsband oder Geschirr halten und ihn erst nach einem Kommando wie »Lauf« losschicken.

› Bei ganz rabiaten Vierbeinern könnte man auch mal – wenn er einfach immer wieder losläuft – die Leine in Richtung Hund werfen, um ihm klarzumachen, dass er nicht sofort weg darf.

› Manchmal ist es hilfreich, ein Ritual einzubauen. Sie vermitteln Ihrem Hund, dass er erst »Sitz« machen muss. Und dass er erst loslaufen darf, wenn Sie es mit einem Signal erlauben.

Egal, wofür Sie sich entscheiden: Wichtig ist, dass Ihr Hund Sie auch nach dem Ableinen noch im Kopf behält und nicht jeglichen frisch gewonnenen Freiraum gleich für sich nutzt.

Das erste Anleinen können Sie dem Hund körpersprachlich erleichtern, indem Sie neben ihm in die Hocke gehen.

Richtiger Umgang mit der Leine

Eine Leine sollte immer nur das sein, was man sich selbst von ihr wünscht. Und das heißt in den meisten Fällen: möglichst unauffällig und wenig sichtbar. Die meisten Menschen möchten die Leine lediglich locker in der Hand halten oder sie sich einmal quer über die Schulter hängen können, wobei der Hund einfach den eigenen Bewegungen folgt. Sehen Sie auf jeden Fall davon ab, sich die Schlaufe drei- oder viermal um die eigene Hand zu wickeln, um einen möglichst festen Griff zu haben. Es kann Situationen geben, in denen es besser ist, die Leine zu Ihrer eigenen Sicherheit loszulassen.

Links oder rechts?

Am sinnvollsten ist es, das Leinenende locker in der rechten Hand zu tragen, wenn der Hund links

Tragen Sie die Leine locker und nur so fest, dass Sie die Kontrolle über Ihren Hund behalten. Schlingen Sie sie nicht ums Handgelenk!

geht. Dann kann man ihm mit der anderen Hand ein Leckerli geben, wenn er seine eigene Geschwindigkeit den Schritten des Menschen anpasst und auf gleicher Höhe an durchhängender Leine geht. Außerdem können Sie mit der linken Hand im Notfall noch zusätzlich eingreifen und die Leine weiter verkürzen. Genauso geht es aber auch andersherum: Sollte Ihr Hund also rechts von Ihnen gehen, halten Sie die Leine in der linken Hand und lassen Sie die rechte Hand locker herunterhängen. In diesem Fall setzen Sie die rechte Hand als Leckerli-Spender oder Leinen-Verkürzer ein.

Dass ein Hund immer links gehen muss, ist ein heute für den normalen Hundehalter überholter Grundsatz und hat historische Ursachen. Früher hatte man den Hund links und die Waffe rechts. Heute entscheiden Sie, allerdings mit einer Ausnahme: Sie möchten sich im Hundesport engagieren. Für viele Disziplinen ist da eine bestandene Begleithundprüfung die Voraussetzung. Und bei der muss der Hund auf der linken Seite bleiben.

Immer flexibel bleiben

Eine mehr oder weniger feste Seite, an der der Hund geht, ist vor allem dann sinnvoll, wenn Sie mehrere Hunde haben. Besonders beim Anleinen ist es gut, wenn die Vierbeiner zu diesem Zeitpunkt wissen, welcher Körperseite des Menschen sie sich zuwenden sollen. So vermeiden Sie ein Verheddern der Leine mit dem anderen Hund oder Ihren eigenen Beinen. Aber machen Sie kein Dogma daraus. Manchmal kann es gut sein, einen oder auch beide Hunde an einer Straße ohne Gehweg links zu führen, da man ja selbst der Straßenverkehrsord-

Wenn Ihr Welpe Ihnen so aufmerksam und entspannt an der Leine folgt, können Sie Ihn dafür durchaus mit einem kleinen Leckerli belohnen. Später allerdings sollte es selbstverständlich werden, dass sich Ihr Vierbeiner an der Leine an Ihnen und Ihren Bewegungen orientiert.

nung folgen muss und den Gegenverkehr an der rechten Seite passieren lassen soll. Sollten Sie nun stets den Hund nur auf der anderen Seite geführt haben, kann das zu Irritationen bei Ihrem Vierbeiner führen. Bei starkem Autoverkehr wird das zur echten Tortur. Also wechseln Sie ab und zu im Alltag die Seiten, auch wenn es nur für ein kurzes Ausweichen ist. Flexibilität macht sich in jedem Fall bezahlt. Schließlich kann Ihnen auch einmal ein unangenehmer Artgenosse entgegenkommen, vor

dem Sie Ihren Hund lieber auf der abgewandten Seite führen und damit auch schützen wollen. Auch Lebenssituationen können sich verändern, womöglich müssen Sie irgendwann einen Rollstuhl oder Kinderwagen schieben, dann kann es sein, dass Sie Ihren Hund auf einmal lieber auf einer anderen Seite laufen sehen. Auch wenn Hunde Gewohnheitstiere sind und feste Strukturen lieben: Sie sollten fähig sein, auch neue Situationen akzeptieren zu können.

Erfolgreich trainieren

Ob Hundesportler oder Familienhund – für welches Ziel und wie intensiv Sie trainieren wollen, hängt von Ihren persönlichen Erwartungen und Wünschen ab. Gewisse Leitlinien gelten aber für jede Art der Hundeerziehung. Das Ergebnis sollte immer ein lockerer, entspannter Umgang zwischen Hund und Mensch sein.

Ein vertrauensvolles Miteinander

Es wäre schön, wenn alle Personen, die mit dem Hund an der Leine spazieren gehen wollen, in das Training einbezogen werden. Sie machen es auf diese Weise Ihrer Familie, Ihren Freunden, aber auch dem Vierbeiner selbst einfacher, denn alle Beteiligten verständigen sich auf eine gemeinsame Vorgehensweise.

Mit Kindern unterwegs

Möchte auch Ihr Nachwuchs allein mit Ihrem Hund spazieren gehen? Dann sollten Sie bedenken, dass das meist erst ab einem bestimmten Alter möglich ist. Ein kleines Kind kann auch mit einem gut erzogenen Familienhund nicht immer in der Lage sein, schwierige Situationen – beispielsweise mit anderen Vierbeinern – zu bewältigen. Bevor Sie den Hund Ihren Kindern anvertrauen, sollten Sie ihnen ein bisschen etwas über die Ansprüche eines Hundes vermitteln. Der Hund selbst sollte bereits gelernt haben, nicht ungehemmt seinen eigenen Bedürfnissen nachzugehen. Er sollte außerdem am Bordstein haltmachen sowie entspannt und gelassen mit anderen Hunden umgehen können.

Feedback erwünscht

Fordern Sie Freunde oder Familie die Sie zum Training begleiten auf, Ihr Verhalten dem Hund gegenüber kritisch zu betrachten. Eventuell können Sie einen Freund oder eine Freundin ab und zu bitten, Ihre Übungseinheiten mit der Videokamera festzuhalten. Häufig fallen einem missverständliche Verhaltensweisen und körpersprachliche Mankos erst auf, wenn man die Gelegenheit hat, die eigenen Aktionen und die des Hundes »aus der Distanz« auf dem Bildschirm zu betrachten. Fehlerquellen lassen sich so gut ausschalten.

Voraussetzungen für gutes Training

Beim Training geht es ums Lernen. Und das sollte für Ihren Hund in stressfreier Atmosphäre sowie anfangs in einer gewohnten Umgebung stattfinden, damit er nicht abgelenkt wird. Angst ist ein schlechter Lehrer: Der Hund muss erkennen können, was Sie von ihm erwarten, und dadurch auch die Chance bekommen, es richtig zu machen. Nehmen Sie sich ganz bewusst Zeit für den Hund: Vielleicht schaffen Sie es sogar, beim Training Ihr Handy einfach einmal zu ignorieren. Wenn Ihnen

ein Blick auf die Uhr sagt, dass Sie jetzt noch genau 15 Minuten Zeit hätten und dann zum Supermarkt hetzen müssen, verzichten Sie lieber aufs Training.

Wohldosierte Einheiten

Passen Sie das Training an die Konzentrations- und Lernfähigkeit Ihres Hundes an. Wie beim Menschen gibt es bei Hunden – manchmal rassebedingt, manchmal aus anderen Gründen – Früh- und Spätentwickler. Das hat nichts mit der Intelligenz zu

Gehen Sie in die Hocke, wenn Ihr Welpe aus dem Freilauf zu Ihnen zurückkehrt. Damit signalisieren Sie, dass von Ihnen keine Gefahr ausgeht und die Situation entspannt ist.

tun, sondern mit der individuellen Reife. Von einem Welpen können Sie anfangs nur verlangen, sich drei bis vier Minuten am Stück auf den Menschen zu konzentrieren. Dann wird er sich wieder in anderen Dingen verlieren und mit der Leine in eine komplett andere Richtung zu ziehen. Üben Sie mit einem jungen Hund lieber mehrmals täglich kurz, das ist effektiver als längere »Drillzeiten«.

Sollte Ihr Hund den Tag über wenig Auslauf gehabt haben, bietet es sich vor dem Training erst einmal an, mit ihm ein längeres Stück zu laufen. Erst wenn er sich ausgetobt hat, können Sie wieder Konzentration von ihm verlangen.

Gut gelaunt ans Werk

Wenn Sie gestresst von der Arbeit nach Hause kommen und feststellen, dass Ihr Welpe gerade den Mülleimer ausgeräumt und den Inhalt über die ganze Wohnung verteilt hat, ist es nicht sinnvoll, zum Training aufzubrechen. Wer wütend auf seinen Hund ist, kann nur sehr schwer ruhig, konzentriert und geduldig agieren.

Kommunikation mit dem Hund

Vieles teilen Sie Ihrem Hund durch Ihre Körpersprache mit – oft unbewusst und möglicherweise unverständlich für den Vierbeiner. Ein Beispiel, um zu zeigen, dass es Sinn macht, sich über dieses Thema zu informieren: Ihr Hund sitzt an der Leine vor Ihnen. Sie wollen, dass er näher kommt, um ihn abzuleinen. Stehen Sie ihm dabei frontal gegenüber und beugen sich in seine Richtung, so signalisieren Sie ihm dadurch, dass er Abstand halten soll. Drehen Sie Ihren Oberkörper lieber leicht weg, verlagern Sie Ihren Schwerpunkt weg vom Hund. Vielleicht gehen Sie dabei sogar in die Hocke. Jetzt fällt es Ihrem Hund leichter, zu Ihnen zu kommen.

Ziel: ein harmonisches **Team**

TIPPS VON DER
HUNDE-EXPERTIN
Leo Busch

Ehe Sie mit dem Leinentraining beginnen, sollten Sie sich über die Beziehung zu Ihrem eigenen Hund einige Gedanken machen.

ZIELE STECKEN Was ist Ihr Ziel? Wie soll Ihr gemeinsames Leben aussehen? Ist Ihr Hund Ihr Sozialpartner? Oder ein Wesen, das sich Ihnen bedingungslos unterordnen soll?

EINE GUTE BEZIEHUNG Überlegen Sie genau, wie Sie sich Ihr Verhältnis zu Ihrem Hund vorstellen, bevor Sie irgendwelche Techniken ausprobieren. Sie können in Ihrem Handeln nur echt sein, wenn Ihre innere Haltung mit Ihren äußeren Aktionen übereinstimmt. Fragen Sie sich nicht nur nach den eigenen Erwartungen, sondern auch danach, was Ihr Hund von Ihnen und seiner Umwelt erwarten kann und darf.

ERZIEHUNGSMETHODEN Häufig wird Ihnen erst nach diesen Überlegungen klar, was für ein Erziehungstyp Sie sind. Als Nächstes sollten Sie nach den passenden Methoden suchen. Lassen Sie sich nicht von anderen Hundehaltern »zwangsberaten«. Finden Sie Ihren eigenen Stil.

Grundsätze im Alltag

In allen Erziehungsfragen ist es sinnvoll, darauf zu achten, dass ein paar persönliche Grundsätze von Anfang an das gemeinsame Leben bestimmen. Denn die Art und Weise Ihres Zusammenlebens wirkt sich natürlich auch darauf aus, wie Sie sich gemeinsam an der Leine bewegen.

› Darf Ihr bereits erwachsener Hund sich alles erlauben? Geben Sie jedem Wunsch sofort nach?

› Steigert er sich bereits in unbändige Vorfreude hinein, wenn Sie auch nur die Leine in die Hand nehmen und die Schuhe anziehen?

› Kann er sein Futter kaum erwarten?

Wenn Sie diese Fragen auch nur zum Teil mit Ja beantworten, dann sollten Sie sich vor dem Leinentraining ein paar grundsätzliche Gedanken über Ihre Beziehung zu Ihrem Hund machen.

Lernen kann man lernen

Dabei hilft gut der Vergleich mit Kindererziehung. Schulanfänger müssen meist erst einmal lernen, eine Zeit lang am Stück ruhig sitzen zu bleiben. Ähnlich verhält es sich mit unseren Hunden. Um trainieren zu können, müssen sie erst einmal lernen, sich auf etwas zu konzentrieren. Letztlich geht es bei einem erfolgreichen Training – wie schon zu Beginn des Buches erwähnt – keinesfalls darum, dass Sie der »Chef« sind. Es geht darum, Ihnen und Ihrem tierischen Familienmitglied den Lernprozess überhaupt erst möglich zu machen.

Zum Lernen gehört Aufmerksamkeit, zur Aufmerksamkeit gehört eine gewisse Form der Frustrationstoleranz. Das bedeutet nichts anderes, als dass auch ein Hund einmal Situationen aushalten muss, die er nicht mag. Dabei kann es sich um das Warten aufs Futter handeln, das Liegenbleiben, obwohl andere Hunde toben dürfen, oder das Verbot, die Katze im Haus zu jagen. Natürlich ist es nicht angenehm für einen Hund, mal eine Viertelstunde auf einem vom Menschen bestimmten Platz liegen bleiben zu müssen. Aber es schult ihn und bereitet ihn auf andere Aufgaben vor. Und es versetzt Sie in die

Es ist nervenaufreibend, auf diese Art und Weise durch die Gegend gezogen zu werden. Häufig sind Schulterschmerzen die Folge.

Lage, auch in anderen Situationen die Geduld und Aufmerksamkeit Ihres Hundes abrufen zu können. Ob wartend auf seiner Decke oder bei einem Gaststättenbesuch – Sie tun Ihrem Hund einen Gefallen, wenn Sie ihm vermitteln, was er von der Welt erwarten darf und was nicht. Und es schafft eine gute Grundlage für jegliches Training. Immer natürlich angepasst an das Alter, die Reife und die Rasse Ihres Hundes.

Training für »Fortgeschrittene«

Im besten Fall hat Ihr Hund zu Beginn des Leinentrainings bereits gelernt, dass es Situationen gibt, in denen seine eigenen Bedürfnisse nicht im Vordergrund stehen. Dann hat er bereits verstanden, dass Sie über viele Dinge bestimmen dürfen und auch müssen. Und er weiß im Grunde genommen auch, dass letztlich Sie es sind, der über Weg, Tempo und Richtung entscheidet. Unter diesen Voraussetzungen hat er das Zeug dazu, auch an der Leine ein entspannter Partner zu sein, der die Situation akzeptiert und deshalb keinen niedergeschlagenen Eindruck macht.

Immer mit der Ruhe

Überfordern Sie Ihren Hund nicht, das würde den Lernerfolg torpedieren. Gehen Sie beim Training in kleinen Schritten vor. Achten Sie aber auch darauf, dass sich Ihr Hund nicht durch »Witzigkeiten« aus der Affäre zieht. Es gibt immer wieder Gesellen, die auf eine Trainingssituation mit Spielaufforderungen reagieren. Oder die das Üben für die Leinenführigkeit einfach in ein Zerrspiel um die Leine umfunktionieren wollen. Manchmal fällt es einem dann schwer, sich angesichts dieser Filous das Lachen zu verkneifen, aber es ist besser, sich nicht zu häufig um den Finger wickeln zu lassen.

Ein Hund sollte lernen, an seinem Platz liegen zu bleiben. Um ihn nicht ständig zurückzuschicken, kann man ihn mit der Leine dort fixieren.

Auch **Welpen** brauchen **Regeln**

Man ist versucht, einem süßen kleinen Welpen einiges durchgehen zu lassen. Aber was bei einem Zwerg niedlich ist, kann bei einem erwachsenen Hund ganz schön nervenaufreibend sein.

WARTEN AUFS FUTTER Mal kurz ins Körbchen zu müssen und dort eine halbe Minute abzuwarten, bis das Futter fertig zubereitet ist, kann nicht schaden.

RICHTUNG VORGEBEN Auf einem Spaziergang dürfen Sie ruhig einmal 15 Meter auf einem flotten Schritt bestehen. Zur Not gehen Sie einfach drauflos, auch wenn Ihr Hund dann kurz von Ihnen an der Leine mitgezogen wird.

BELOHNUNG Freudiges Mitlaufen wird natürlich mit Lob oder Leckerchen belohnt!

Übungsanfang und -ende

Am effektivsten und erfolgreichsten verlaufen Trainingseinheiten, wenn Sie Ihrem Vierbeiner ganz klar signalisieren, wann das Üben beginnt und wann es endet. Nur so kann Ihr Hund erkennen, wann es mit der Arbeit losgeht und wann er »frei« hat. Ein wildes Spiel direkt vor dem Training, bei dem Ihr Vierbeiner völlig aufgedreht wird und unvermittelt in die Arbeit wechseln soll, ist genauso wenig zielführend wie das sofortige »Fuß gehen«-Müssen nach einer langen Autofahrt.

Rituale zu Beginn

Lassen Sie Ihren Hund ruhig erst einmal an langer Leine schnuppern, lassen Sie ihn sich lösen und ein bisschen runterfahren, bevor Sie sich an die Arbeit machen. Sie können sich selbst überlegen,

Ein Hund muss seinen Halter nicht ansehen, um mitzubekommen, was dieser macht. Blickkontakt wird aber häufig vom Menschen positiv bewertet.

auf welche Weise und eventuell mit welchem Ritual Sie die Arbeit einleiten wollen.

> Möglich wäre es, einfach stehen zu bleiben und die Leine auf die Hälfte zu verkürzen.

> Sie können auch ein bestimmtes Wort an den Anfang stellen – »Pass auf« beispielsweise – oder/und Ihren Hund ins Sitz bringen.

Wichtig ist, dass Ihr Hund erkennen kann, dass sich die Situation verändert hat und er nun seine Aufmerksamkeit auf Sie richten soll. Manche Hunde brauchen dazu deutlichere Signale als andere. Das bedeutet nicht, dass man laut werden muss. Oder eine schlechte Stimmung verbreiten muss. Wenn Sie innerlich denken: »Reiß dich zusammen, jetzt wirst du mal richtig erzogen«, dann strahlen Sie das auch äußerlich aus und vermiesen Ihrem Hund schon im Ansatz Ihre Trainingseinheit. Seien Sie mit Freude dabei, es geht schließlich darum, Ihr künftiges Zusammenleben mit dem »besten Freund des Menschen« in die richtigen Bahnen zu lenken. Zu Anfang können Sie das Ritual ruhig etwas übertreiben. Später wird Ihr Hund bereits im Ansatz erkennen, dass nun etwas Neues ansteht. Ob Sie sich klar genug ausgedrückt haben, können Sie leicht überprüfen, indem Sie ein paar Schritte gehen. Folgt Ihr Hund Ihnen oder ist er bereits wieder mit anderen Dingen beschäftigt? Im letzteren Fall war Ihr Anfangsritual nicht deutlich genug.

Im und nach dem Training

Während der Übung sollten Sie Ihren Hund genau beobachten. Nicht nur, um mögliche richtige oder falsche Verhaltensweisen zu überprüfen, sondern auch, um zu erkennen, ob er überhaupt noch in der

Jede gut verlaufene Trainingseinheit sollte belohnt werden. Ob durch ein Spiel, ausgelassenes Toben, Streicheln oder Futtergabe ist von Ihren Vorlieben und denen Ihres Hundes abhängig. Machen Sie deutlich, wann das Training zu Ende ist, damit sich Ihr Hund auf die neue Situation einstellen kann.

Lage ist, sich zu konzentrieren. Gerade für Trainingsneulinge oder Welpen ist es anstrengend, sich derart auf »ihren« Menschen einzulassen. Klappt eine Übung mehrfach nicht, dann gehen Sie entweder im Übungsaufbau einen Schritt zurück oder überdenken Sie die Signale, die Sie dem Hund senden. Wenn Sie den Eindruck haben, dass Ihr Hund kurz davor ist, die Lust am Lernen zu verlieren, beenden Sie die Übung lieber und lassen ihm Zeit, das Gelernte zu verarbeiten.

Ein **Lob** zum **Abschluss**

Es ist sinnvoll, das Training immer dann zu beenden, wenn eine Übung positiv verlaufen ist. Loben Sie Ihren Hund.
Manche Vierbeiner sind über einen Streichler glücklich. Wieder andere – gerade Welpen – sollte man mit Leckerlis belohnen.

Rahmenbedingungen zum Training

Egal, ob Sie in der Stadt leben oder auf dem Land, ob Sie sich mit Ihrem Hund vor allem in Parks oder in der freien Natur bewegen: meist teilt man sich das Spiel- und Trainingsgelände mit Joggern, Fahrradfahrern und anderen Erholungssuchenden, die auf der Suche nach etwas Entspannung sind. Da sollten Sie sich auf jeden Fall gut überlegen, wann und wo Sie mit Ihrem Hund üben können und unter welchen Umständen es keinen Sinn macht.

In reizfreier Umgebung

Ob Welpe, Junghund oder erwachsener Hund: die Grundbedingungen für ein erfolgreiches Training sind meistens sehr ähnlich. Für die ersten gemeinsamen Schritte sollten Sie sich eine möglichst ablenkungsfreie Umgebung aussuchen.

› Es ist sinnlos, auf einer Hundewiese zum ersten Mal mit einem Welpen an der Leine üben zu wollen. Die Ablenkung durch die vielen anderen Hunde und deren Gerüche ist einfach zu groß. Zudem werden Sie nicht verhindern können, dass andere Hunde auf Sie und Ihren Welpen zulaufen.

› Es ist wenig sinnvoll, mit einem jungen Rüden an einer von anderen Hunden stark markierten Strecke Leinenführigkeit durchziehen zu wollen. Womöglich landen Sie direkt vor dem Haus einer gerade läufigen Hündin und wundern sich über die Unkonzentriertheit Ihres Vierbeiners.

› Sollten Sie einen jagdlich interessierten Hund haben, ist es auch nicht zielführend, in Wäldern mit einem großen Wildbestand mit den ersten Schritten zu beginnen.

Fangen Sie dort an, wo es Ihnen und Ihrem Hund am leichtesten fällt, sich aufeinander zu konzentrieren. Wenn Sie ganz am Anfang stehen und etwa mit einem Hund arbeiten, der weder Halsband noch Leine kennt und Leinenführigkeit schon gar nicht, ist es gut, daheim zu beginnen – im eigenen Wohnzimmer zum Beispiel, nachdem Sie das Mobiliar zur Seite geräumt haben.

So kann sich jeder auf den anderen konzentrieren. Nichts lenkt von der gemeinsamen Übung ab.

Sind Sie schon ein Stück weiter, ist ein einsamer Feldweg ein gutes Übungsterrain. Sie sollten möglichst schon von Weitem sehen können, ob »Ablenkung« naht. In der Stadt ist eine Nebenstraße sinnvoll. Oder ein nicht zu stark frequentierter Park. Wer einen eigenen Garten hat, nutzt diese Möglichkeit. Dieser Bereich ist für die meisten Hunde schnell nicht mehr interessant. Dort kennen sie schon bald jeden Winkel und können sich leichter auf Sie konzentrieren.

Der passende Zeitpunkt

Suchen Sie sich eine Uhrzeit aus, zu der Sie beide entspannt und aufnahmebereit sind. Knurrt Ihnen oder Ihrem Hund der Magen, haben Sie beide keine Lust. Sind Sie beide todmüde, ist ein Training auch nicht gerade von Nutzen. Haben Sie einen Hund, der keinen Regen mag, und es schüttet in Strömen, werden Sie kaum Lernerfolge erzielen. Ist Ihr Hund krank, gilt das ebenfalls.

In der richtigen Stimmung

Es wird immer wieder vorkommen, dass Sie feststellen müssen, zu einem bestimmten Zeitpunkt, den Sie sich vielleicht sogar extra im Terminkalender freigehalten haben, selbst nicht genug konzentriert zu sein. Unter diesen Umständen können Sie mit Ihrem Hund nicht effektiv arbeiten. Hunde sind Experten im »Stimmungen lesen«. Daher werden Sie gar nicht verbergen können, dass Sie gereizt sind oder unter Stress stehen. Vertagen Sie das Training dann lieber und suchen Sie sich einen besseren Zeitpunkt aus.

Ihr Hund braucht neben dem Leinentraining die Möglichkeit, sich frei bewegen und Artgenossen begegnen zu können. Nur so kann er ein hundegerechtes Leben führen.

Mit mehreren Hunden

Haben Sie mehrere Hunde, ist es zu Beginn ratsam, mit jedem einzeln zu trainieren. Gerade Leinenführigkeit lässt sich sonst schlecht üben. Zur Not lassen Sie einen im Auto oder »parken« ihn mit der Leine an einem Baum am Wegesrand, während Sie mit dem anderen an dieser Stelle üben.

Werden Sie von Freunden oder Familienmitgliedern begleitet, gilt im Grunde Ähnliches. Konzentrieren Sie sich in der Trainingsphase auf den Hund. Lassen Sie sich nicht durch Begleiter in Ihrer Aufmerksamkeit von Ihrem Vierbeiner ablenken.

Übungen für Fortgeschrittene

Haben Sie den Eindruck, dass Ihre Übungen zur Leinenführigkeit ohne Ablenkung schon seit mehreren Tagen klappen, Ihr Hund sich auf Sie konzentriert und mit Freude und Aufmerksamkeit bei der Sache ist, können Sie den Schwierigkeitsgrad langsam steigern. Denken Sie genau über das sinnvolle Maß der Steigerung nach, damit Sie bei Misserfolg nicht wieder in Ihrem Übungsaufbau ein paar Schritte zurückgehen müssen.

Finden Sie am Anfang erst einmal heraus, wodurch sich Ihr Hund ablenken lässt. Sind es andere Hunde oder die Begegnung mit Joggern oder Radfahrern? Sind es jagdliche Reize oder ein bestimmtes Spielzeug? Mit diesem Wissen können Sie gezielt Übungssituationen schaffen, in denen der Hund dosiert bestimmten Reizen ausgesetzt wird.

Sobald die Leine gespannt ist, ist es für Korrekturen eigentlich schon zu spät. Ziel sollte sein, immer an lockerer Leine zu gehen.

Ziel aller vorgestellten Übungen ist es, unerwünschtes Verhalten des Hundes erst gar nicht aufkommen zu lassen.

Hundebegegnungen

Wie wäre es, wenn Sie einen befreundeten Hundehalter bitten, Ihnen auf einem einsamen Feldweg einmal mit Hund an der Leine entgegenzukommen? Auf diese Weise haben Sie die Situation in der Hand, Sie können bei dieser »gestellten Übung« Regie führen und laufen nicht Gefahr, vom »wirklichen Leben« überrollt zu werden.

› Sie könnten Ihren Bekannten bitten, erst einmal nur mit seinem Hund in einiger Entfernung zu warten, während Sie mit Ihrem eigenen Vierbeiner die Leinenführigkeit üben.

› Nähern Sie sich dann dem anderen. Achten Sie darauf, ob Ihr Hund noch »bei Ihnen« ist. Beobachten Sie seine Körpersignale. Hebt er den Kopf und spitzt die Ohren, weil er den anderen Hund registriert hat? Fängt er an den Artgenossen zu fixieren? Oder achtet er nicht mehr so genau auf Tempowechsel und Richtungswechsel, die Sie jetzt vornehmen? In all diesen Fällen sollten Sie von einer weiteren Annäherung an diesem Punkt absehen.

› Klappt diese Übung, dann bitten Sie Ihren Bekannten, Ihnen wie ein fremder Spaziergänger ganz normal auf dem Weg entgegenzukommen.

› Später könnten Sie sogar voreinander stehen bleiben und sich kurz unterhalten. Ihr Ziel sollte dabei sein, dass Ihr Hund nicht in die Leine springt, die Leine locker bleibt und er sich nach Ihren Bewegungen, Ihrem Tempo, Ihren Richtungswechseln und Ihren Aktionen richtet.

Wild auf Bälle

Wenn Ihr Hund gerne jedem Ball hinterherjagt, bietet es sich an, dass Sie selbst eine »Ballsituation« konstruieren, bevor Sie am nächsten Fußballplatz üben. Sie könnten wieder eine ansonsten ablenkungsfreie Zone wie zum Beispiel den oben erwähnten ruhigen Feldweg dazu nutzen.

› Beginnen Sie Ihr Training und holen Sie einen Ball aus der Tasche. Lassen Sie ihn ohne Kommentar einfach nach vorne rollen und beobachten Sie, ob Ihr Hund hinterher will. Bevor er durchstartet, drehen Sie sich um oder verwenden die später beschriebene Technik (→ Seite 40).

› Sie können sich auch von einem weiteren Helfer unterstützen lassen. So könnten Sie Ihre Leinenführigkeit üben, während jemand anderes einen Ball quer über den Weg kullern oder von hinten an Ihnen vorbeirollen lässt. Schaffen Sie sich Ihre eigenen Trainingsbedingungen, damit Sie den Grad der Ablenkung langsam steigern können.

Ablenkung durch Futter

Viele Hunde vergessen ihren Menschen, wenn Futter ins Spiel kommt. Daher eignet sich Futter gut zur Erhöhung des Schwierigkeitsgrades.

› Bitten Sie einen Helfer am Wegesrand mit einem Würstchen zu warten. Versuchen Sie nun, Ihren Hund durch die Leinenführigkeit davon abzuhalten, zu diesem Menschen zu laufen.

› Gehen Sie vor Ihrem Menschen auf und ab. Wenn Sie besonders ehrgeizig sein möchten, können Sie sich sogar auf »Zuschnappweite« nähern.

› Wichtig ist es immer, den Grad der Ablenkung nur sukzessive zu steigern. Gönnen Sie sich und Ihrem Hund Erfolgserlebnisse. Es spricht auch nichts dagegen, ihm irgendwann nach mehrfach gut verlaufener Übung dann dieses Würstchen aus Ihrer

Kontakt mit anderen Artgenossen ist für Hunde wichtig. Dennoch sollte dieser Kontakt nach den Regeln der Menschen ablaufen.

Hand als Belohnung zu geben. Ziel der Übung ist ja nicht, dass Ihr Hund in Zukunft keine Würstchen mehr frisst, sondern dass er sich an der Leine an Ihnen orientiert.

Herausforderung Fußgängerzone

Die vorher beschriebene Übung ist eine prima Vorbereitung, um mit Ihrem Hund durch eine dicht mit Menschen bevölkerte Fußgängerzone zu laufen. Denn dort begegnen Ihnen dann die echten Herausforderungen in Form kleiner Kinder, die gerne tropfende Eistüten und lecker duftende Wurstsemmeln in Hundenasenhöhe halten. Wenn Sie möchten, dass Ihr Hund diesen Kindern keine Aufmerksamkeit schenkt oder wenigstens den Versuch unterlässt, ihnen das Eis aus der Hand zu klauen, sollten Sie ihm die Chance geben, ähnliche Situationen vorher zu trainieren.

Hundebegegnungen an der Leine

Die meisten Hundehalter haben bei der Leinenführigkeit die größten Probleme, wenn es darum geht, anderen Hunden zu begegnen. Im Ernstfall führt das dazu, dass sich Menschen erst spätnachts mit ihrem Tier aus dem Haus trauen.

Aggression an der Leine ist ein Thema für sich, das in einem Einsteiger-Ratgeber nur kurz behandelt werden kann. Eine spezielle Form der Leinenführigkeit kann Sie auf dem Weg zu einem entspannten Spaziergang unterstützen, wird aber meist nicht ausreichen, um das Problem zu lösen (→ Seite 56).

Grundsätzlich ist zu sagen, dass sich Hunde an der Leine meist anders als im Freilauf begegnen. Häufig hängt das damit zusammen, dass sich Hunde der Leine und damit auch des Menschen an ihrer Seite bewusst sind. Da können aus Schoßhündchen Scheusale werden, die sich geifernd in die Leine hängen. Andere fangen plötzlich wilde Spiele an, und die Hundehalter sind erst einmal eine Weile damit beschäftigt, ihre Leinen wieder voneinander zu entwirren. Wieder andere würden am liebsten flüchten, können es aber aufgrund der Leine nicht.

Wenn es doch immer so sein könnte: ausgelassenes Toben ohne Einschränkungen. Doch Hundebegegnungen müssen manchmal geregelt werden.

Ist Schnauzenkontakt nötig?

Grundsätzlich stellt sich die Frage, ob Hundebegegnungen »mit Schnauzenkontakt« an der Leine überhaupt sein müssen. Zwar will man seinem Vierbeiner jede Begegnung mit seinen Artgenossen gönnen. Auf der anderen Seite ist es jedes Mal ein Glücksspiel: Verhält sich der andere friedlich? Kann man die Körpersprache beider Hunde immer richtig einschätzen? Wann ist der richtige Zeitpunkt, den Kontakt zu unterbrechen?

Treffen zwei vollkommen fremde Hunde an der Leine aufeinander, so ist es meist besser, mit einem kurzen Gruß aneinander vorbeizugehen. Hunde an der Leine müssen keinen Kontakt zueinander aufnehmen. Kommt Ihnen beim Spazierengehen mit angeleintem Hund ein fremder frei laufender Vierbeiner entgegen – die Situation kann auch genau umgekehrt sein –, so sollten Sie sich kurz mit dem anderen Besitzer verständigen, wie Sie mit der Situation umgehen wollen. Sie können bitten, dass auch der andere Vierbeiner angeleint wird, oder sich auf gemeinsamen Freilauf einigen. Jeder Mensch samt Vierbeiner sollte auf jeden Fall in der Lage sein, auf einem Weg an einem anderen Menschen mit angeleintem Hund zügig vorbeizugehen, ohne dass es zu Feindseligkeiten kommt. Wer damit Schwierigkeiten hat, sollte etwas dagegen unternehmen (→ Seite 56/57).

Entspanntes Treffen von Tier und Mensch: Für die Hunde ist die Begegnung an lockerer Leine selbstverständlich.

Kommunikation im Freilauf

Natürlich heißt das nicht, dass Sie Kontakt zwischen den Artgenossen grundsätzlich unterbinden sollten. Im Gegenteil: Sie sollten Ihrem Hund regelmäßigen Austausch mit anderen Vierbeinern im Freilauf ermöglichen. Denn nur auf diese Weise kann er die arttypische Körpersprache anwenden und verstehen lernen.

Gerade Welpen sollten regelmäßig die Gelegenheit haben, mit anderen Vierbeinern zusammen zu sein. So lernen sie, Grenzen zu erkennen und selbst zu setzen sowie ein angemessenes Sozialverhalten an den Tag zu legen. Hat ein Welpe diese Chance, wird er später wahrscheinlich keine Probleme mit anderen Hunden haben.

Wer bestimmt die Stimmung?

Hunde haben einen ganz entscheidenden Vorteil uns Menschen gegenüber. Sie haben den ganzen Tag Zeit, unser Verhalten zu beobachten. Während wir uns für die Arbeit fertig machen, Kinder versorgen oder am Schreibtisch sitzen, können Hunde unser Verhalten genau studieren. Kein Wunder, dass sie schnell zu Experten werden, wenn es darum geht, uns einzuschätzen. Sie wissen beispielsweise genau, dass es keinen Spaziergang gibt, wenn die High Heels geholt werden.

Souveräner Umgang mit dem Hund

Machen Sie sich diese Anpassungsmechanismen ihres Hundes zunutze. Sorgen Sie dafür, dass sich Ihr Hund an Ihre Stimmungslage anpasst. Sie haben Lust, ausgelassen zu sein? Dann können Sie mit dem Hund auf dem Boden herumkugeln. Sie möchten mit Ihrem Hund kuscheln, während Ihre Lieblingsserie läuft? Dann tun Sie das einfach. Die Aufforderung dazu sollte aber von Ihnen ausgehen – allein durch Ihre Körpersprache können Sie Ihre Absichten dem Hund vermitteln.

Vielleicht kennen Sie jemanden, der in der Lage ist, Ihre eigene Stimmung zu beeinflussen. Dann können Sie sich Gedanken darüber machen, welche Fähigkeiten dieser Mensch hat und wieso er diesen Einfluss auf Sie hat. Und Sie können sich überlegen, wie Sie diese Erkenntnis auf die Beziehung zwischen Ihnen und Ihrem Hund übertragen können. Das muss nicht heißen, dass Sie permanent für die Stimmung im Haus verantwortlich sind. Schließlich gibt es nichts Netteres, als sich von der guten Laune seines Hundes am frühen Morgen anstecken zu lassen. Dennoch sollten Sie in ganz entscheidenden Situationen derjenige sein, der die Stimmung bestimmt. Denn wer die Stimmung in einem Team bestimmt, ist wichtig und hat das Recht, später auf dem Spaziergang über Tempo und Richtung zu entscheiden.

Diese beiden verstehen sich sichtlich gut: ein harmonisches Team wie aus dem Bilderbuch. Stimmungen lassen sich aber auch ohne Blickkontakt übertragen.

So ist das Training erfolgreich

Das gemeinsame Üben sollte beiden Seiten – Mensch und Hund – Spaß machen. Halten Sie sich an die folgenden Ratschläge, so wird sich Ihr Hund beim Üben mit Ihnen wohlfühlen. Und das ist die beste Voraussetzung für den Erfolg!

Tut gut

- **+** Achten Sie darauf, dass Sie Ihren Hund beim Training nicht überfordern. Schaffen Sie tages- und stimmungsabhängig eine gute Atmosphäre.

- **+** Belohnen Sie Ihren Hund mit Leckerchen, Streicheleinheiten oder einem Wortlob. Finden Sie heraus, was ihm am besten gefällt.

- **+** Bedenken Sie, dass Sie aus Ihrer eigenen Perspektive heraus handeln. Ein Blick von außen auf Ihr Mensch-Hund-Team kann manchmal hilfreich sein.

- **+** Ein Hund bleibt ein Hund bleibt ein Hund. Er hat andere Ansprüche und Bedürfnisse an das Leben als Sie. Behalten Sie dies im Hinterkopf.

Besser nicht

- **–** Ist Ihr Hund krank, verzichten Sie auf Übungen und Trainingseinheiten. Sie können mit einer Grippe auch nicht arbeiten und ins Büro gehen.

- **–** Behagt Ihnen eine Übungstechnik nicht, suchen Sie lieber eine andere Lösung zur Leinenführigkeit. Ihr Hund spürt, ob Sie hinter Ihrer Arbeit stehen oder nicht.

- **–** Lassen Sie sich nicht von Ratgebern und Lernrichtungen irritieren. Sie sind der Experte für Ihren Hund und wissen meist gut, was Sie beide bewegt.

- **–** Auch wenn Ihr Hund andere Ansprüche und Bedürfnisse als Sie hat, dürfen Ihre eigenen Bedürfnisse deshalb nicht zu kurz kommen.

So klappt's an der Leine

Durch die Leine sind Sie und Ihr Hund miteinander verbunden. Einerseits heißt das, dass sich Ihr Hund nach Ihnen richten muss. Andererseits heißt das auch, dass Sie in dieser Zeit für das Wohlergehen Ihres Vierbeiners zuständig sind. Dazu können Sie durch unterschiedliche Trainingsansätze beitragen.

Die zwei Enden der Leine

Es gibt viele verschiedene Methoden, nach denen Hundetrainer ihr persönliches System der Leinenführigkeit aufbauen. Meistens sind sie nur ein Teilaspekt in dem großen Thema »Kommunikation mit dem Hund«. Dieser Ratgeber will Ihnen einen Überblick über die möglichen Trainingstechniken vermitteln. Es gibt einige, die aufeinander aufbauen und wie ein Baukastensystem zusammengesetzt werden können. Je nach Ihrer persönlichen Einstellung, je nach Hundetyp und -alter, nach Hunderasse und individuell bei Ihnen auftretenden Problemen können Sie dann die für Sie beide richtige Methode herausfinden und danach arbeiten.

Verantwortung tragen

Seien Sie sich bewusst, dass Sie an der Leine mehr Verantwortung für Ihren Vierbeiner übernehmen als im Freilauf. Will Ihr Hund beispielsweise an der Leine der Begegnung mit einem anderen Hund ausweichen, so kann er dies aufgrund der Leine nicht tun. Sie sind nun gefragt! Der Vierbeiner wird Ihnen nur dann vertrauen, wenn Sie seine Körpersprache wahrnehmen und ihm etwa die Gelegenheit geben, durch eine längere Leine einen Bogen zu gehen oder mit Ihnen gemeinsam auszuweichen.

Es gibt natürlich auch Hunde, die sich an der Leine durch die Nähe ihres Besitzers stark fühlen und womöglich einen anderen Artgenossen anstänkern, dem sie im Freilauf ganz anders begegnen würden. Auch hier sollten Sie die richtige Reaktion zeigen. Die Leine hat immer zwei Enden und damit auch zwei Seiten. Und eine Leine ist weit mehr als ein Instrument, das Ihnen beiden das gemeinsame Gehen möglich macht. Sie verschafft Ihnen vor allem die Gelegenheit, nah am Hund zu sein und so Grundlagen für die Erziehung zu legen.

Leinenführigkeit über Belohnung

Zielgruppe Diese Technik eignet sich für Welpen oder Junghunde, die keine oder nur wenig Leinenerfahrung haben, genauso wie für erwachsene Hunde, die noch nie zuvor an der Leine waren, etwa Nothilfe-Hunde aus dem Mittelmeerraum.

Zielsetzung Die Vierbeiner haben das Halsband bereits als etwas Positives kennengelernt (→ Seite 12). Das »Folgen an der Leine« sollen sie ebenfalls als positive Erfahrung erleben, die sich im Lauf der Zeit immer mehr verfestigt.

So gehen Sie vor

Üben Sie in einem gesicherten und ablenkungsfreien Rahmen, etwa im Wohnzimmer (→ Seite 24).
> Nehmen Sie Halsband oder Geschirr in die Hand und rufen bzw. locken Sie Ihren Hund mit einem Geräusch, einem Zungenschnalzen oder rufen Sie seinen Namen. Haben Sie ihn damit schon spielerisch vertraut gemacht (→ Seite 12), so wird Ihr Vierbeiner gerne zu Ihnen kommen. Lassen Sie ihn ruhig am Halsband schnuppern. Braves An- und

Für den Anfang ist dies eine gute Methode: Belohnen Sie Ihren Welpen, wenn er gerade – vielleicht auch nur zufällig – auf Ihrer Höhe an lockerer Leine mitläuft.

Ausziehen sollten Sie anfangs immer mit Belohnungshappen oder Lob verknüpfen.

› Ein zweiter Schritt ist jetzt das Anlegen der Leine. Bei Welpen oder kleinen Hunden sollten Sie darauf achten, dass die Leine wenig Eigengewicht hat. Kleine, leichte Karabiner sind von Vorteil, große können auf die Dauer stören. Es gehört etwas Routine dazu, die Anleinöse am Halsband zu finden und den Karabiner einzuhaken. Lassen Sie nach dem Anlegen die Leine locker.

› Machen Sie den Hund erneut auf sich aufmerksam, indem Sie seinen Namen rufen, und entfernen Sie sich zwei Schritte. Folgt er Ihnen, belohnen Sie ihn. Ändern Sie jetzt die Richtung und das Tempo, meist reichen zwei oder drei Schritte: Ihr Hund soll sich Ihnen wieder nähern.

› Folgt Ihr Vierbeiner Ihnen nicht, machen Sie von Neuem auf sich aufmerksam. Übertreiben Sie Ihre Körpersprache, indem Sie sich in die Richtung orientieren, in die Sie gleich starten wollen. Beugen Sie sich aber nicht in Richtung Ihres Hundes, denn das würde ihm körpersprachlich bedeuten, vor Ihnen zurückzuweichen bzw. wie festgenagelt an der derzeitigen Position stehen zu bleiben. Wenn Sie es sich und Ihrem Hund leicht machen wollen, drehen Sie sich leicht in der Hüfte ein, beugen sich ein bisschen vor, verknüpfen den ersten Schritt mit einem Wort oder Schnalzen und gehen weiter.

› Im nächsten Schritt können Sie nach draußen gehen und dort weiterüben. Gut eignet sich beispielsweise ein eingezäunter Garten, in dem keine Hundebegegnungen zu erwarten sind. Gehen Sie auch dort schrittweise vor, überfordern Sie Ihren Hund nicht und setzen Sie ihn erst langsam zusätzlichen Reizen aus (→ Seite 26). Geben Sie sich anfangs mit wenigen Schritten zufrieden, steigern Sie langsam die Strecke.

Timing und Körpersprache

Behalten Sie immer die Ruhe. Üben Sie keinen Zwang aus. Gestehen Sie sich selbst auch die nötige Zeit zu. Wenn nötig, halten Sie für das Anleinen Ihren Hund kurz am Halsband fest. Belohnen Sie jeden kleinen Erfolg mit winzigen Wurst- oder Käsestückchen, die Ihr Hund schnell abschlucken kann. Dann kann er sich anschließend gleich wieder auf Sie konzentrieren. Ziehen Sie diese Kalorien aber von der Tagesration ab.

Ein kleines Spiel nach der Übung ist eine Belohnung, über die besonders junge Hunde glücklich sind.

Leinenführigkeit über Statik

Zielgruppe Bietet sich an für Junghunde oder ältere Hunde, die bereits an der Leine gelaufen sind und Halsband bzw. Geschirr kennen, sich an der Leine aber nicht die ganze Zeit am Menschen orientieren und deshalb zu ziehen anfangen.
Zielsetzung Bei der Leinenführigkeit über Statik vermitteln Sie dem Hund, dass er sein Ziel – das Weiterkommen – nicht erreicht, wenn er sich nicht an Ihnen orientiert. Sein für Sie unangenehmes Verhalten – das Ziehen – wird blockiert, um ihm die Möglichkeit zu geben, selbst auf die Lösung seines Problems zu kommen.

So gehen Sie vor

Diese Technik ist im Grunde sehr einfach und gut für eher sensible Hunde geeignet, die sich an ihrem Besitzer orientieren. Sie lässt sich im Prinzip in zwei Sätzen zusammenfassen: »Bleiben Sie stehen, wenn Ihr Hund zieht. Gehen Sie weiter, wenn die Leine durchhängt.« Im Detail sieht das so aus:

› Sie haben Ihren Hund an der Leine und gehen los. Sobald er nach wenigen Schritten »in der Leine hängt« und zieht, bleiben Sie fest und unverrückbar auf einer Stelle stehen. Dabei müssen Sie nicht mit ihm sprechen, brauchen auch kein »Nein« oder »Fuß« zu äußern oder ihn auch nur anzusehen. Sinn der Sache soll es ja sein, dass Ihr Hund von alleine darauf kommt, welches Verhalten ihn weiterbringt.

› Läuft er ein kleines Stückchen zu Ihnen zurück oder geht einfach in eine Position, in der die Leine wieder durchhängt, gehen Sie – ohne Kommando und ohne Blickkontakt – weiter. Die Belohnung des Hundes besteht darin, dass er vorankommt.

Mit unterschütterlicher Konsequenz

Diese Vorgaben hören sich ganz einfach an. Es ist aber schwierig, dieses Prinzip in der Realität umzusetzen. Haben Sie einen Hund, der tatsächlich einfach an der Leine losstürmt, werden Sie am Anfang keine zwei Meter weit kommen. Dennoch gibt es gewitzte Vierbeiner, die schnell auf die Lösung

Die Leinenführigkeit über Statik eignet sich nicht für alle Hunde. Dennoch ist die Methode es wert, ausprobiert zu werden.

1 Die straffe Leine bedeutet: Es geht keinen Schritt weiter. Sensible Hunde werden daraufhin die Lösung bei ihrem Menschen suchen.

2 Wendet sich der Hund Ihnen zu, dann lockert sich die Leine wieder. Sie können den Spaziergang fortsetzen. Der Hund wird durchs Weitergehen belohnt.

3 So sieht ein perfektes Ergebnis aus. Aber im Grunde reicht es ja schon, dass der Hund nicht mehr in der Leine hängt und zieht.

kommen. Der Vorteil liegt dann auf der Hand: Sie brauchen keine Leckerlis, Sie brauchen keine Kommandos, Sie müssen auch nicht auf Ihre Körpersprache achten. Sie brauchen »nur« Nerven aus Stahl und eine unerschütterliche Konsequenz.

Wenn's schnell gehen muss

› Müssen Sie einmal dringende Dinge mit Ihrem Hund gemeinsam erledigen, sollten Sie nicht das Übungshalsband, sondern ganz bewusst beispielsweise ein Geschirr verwenden. Der Hund muss deutlich zwischen den Situationen unterscheiden können. Andernfalls wird das Prinzip der Konsequenz durchbrochen und der Lerneffekt torpediert.

› Ziehen Sie Ihrem Hund beispielsweise das Geschirr an, kümmern Sie sich nicht um die zwei Grundsätze und Ihr Hund darf an der Leine »machen, was er will« – ziehen zum Beispiel. Sie schimpfen dann nicht, sondern nehmen dies als gegeben hin, wie Sie es schon vor dem Lesen dieser Zeilen aller Wahrscheinlichkeit nach getan haben. Bekommt er aber das Halsband angelegt, geht es nur voran, wenn er nicht zieht.

Timing und Körpersprache

Sie werden schnell einen Blick dafür entwickeln, wann Ihr Hund vorhat zu ziehen. Entweder er ist im Begriff, bereits an Ihnen vorbeizulaufen und die Leine beginnt sich zu straffen, während sein Blick auf ein ganz bestimmtes Ziel gerichtet ist. Oder er ist – auch bereits an durchhängender Leine – mit seinem Kopf ganz woanders. Schon in diesem Moment können Sie sich einen festen Stand suchen und ihn bis ans Leinenende laufen lassen, wo er dann jäh gebremst wird.

› Von Vorteil wäre es, im Stand eine Ihrer Schultern ein wenig vom Hund wegzudrehen, damit Sie ihm das Zurücklaufen oder das Rückwärtsgehen in Ihre Richtung ermöglichen.

› Achten Sie auf Ihre Körpersprache: Sollten Sie einfach stehen bleiben und sich vielleicht sogar ganz leicht in Richtung des ziehenden Hundes beugen, geben Sie ihm damit zu verstehen, dass er nicht näher zu Ihnen zurück- und damit herankommen soll. Er kann diesen Konflikt nicht lösen, sondern wird an straffer Leine in seiner Position verharren.

Leinenführigkeit über Dynamik

Zielgruppe Eignet sich für Hunde, bei denen die statische Leinenführigkeit (→ Seite 36) nicht zum Erfolg geführt hat, weil sie vielleicht zu unruhig sind oder durch das Prinzip des Stehenbleibens nicht von selbst auf die Lösung gekommen sind. Spricht auch Menschen an, die nicht genug Geduld für die Leinenführigkeit über Statik aufbringen, sondern sich schnellere Ergebnisse wünschen und gerne dafür auch mehr Körpereinsatz aufwenden wollen.
Zielsetzung Bei der Leinenführigkeit durch Dynamik wird dem Hund über Bewegung, Richtungs-

und Tempowechsel beigebracht, dass er sich an der Leine am Menschen orientieren und eigene Bedürfnisse für eine bestimmte Zeit in den Hintergrund stellen muss.

So gehen Sie vor

Wie schon beschrieben (→ Seite 22), sollten Sie dem Hund zu Beginn der Übung vermitteln, dass er sich nun auf Sie konzentrieren muss.

› Dazu ist es möglich, ihn ins Sitz zu bringen und beispielsweise dabei die Leine deutlich zu verkürzen. Für den Hund, der zuvor an langer Leine schnuppern, toben oder sich lösen durfte, ist dies ein eindeutiges Zeichen dafür, dass sich die Situation verändert.

› Nun gehen Sie ruhig los. Sobald Ihr Hund kurz davor ist, in die Leine zu laufen, ändern Sie kommentarlos Ihre Richtung und drehen sich vom Hund weg. Ob Sie genau in die umgekehrte Richtung gehen oder nur im rechten Winkel weitergehen, bleibt Ihnen überlassen. Ihr Verhalten sollte an die örtlichen Verhältnisse angepasst sein.

› Sinnvoll ist es, sich immer von der Leine wegzudrehen, da Sie sonst selbst in die Leine laufen und diese dadurch weiter verkürzen. Halten Sie beispielsweise die Leine in der linken Hand und Ihr Hund läuft nach vorne, dann geht Ihr Arm ein Stück weit mit. Bevor Sie jedoch mit komplett ausgestrecktem Arm und straffer Leine blockiert sind, drehen Sie sich nach rechts weg.

› Da Ihr Hund an der Leine ist, wird er Ihnen folgen müssen. Erneut wird er aller Wahrscheinlichkeit nach an Ihnen vorbei nach vorne laufen. Wieder vollziehen Sie nun einen Richtungswechsel.

1 Der Hund strebt nach vorn. Der Mensch sollte sich, kurz bevor sich die Leine spannt, umdrehen, damit es nicht zu einem Gezerre kommt.

2 Am einfachsten ist es, sich immer von Hund und Leine wegzudrehen, um dynamisch in die entgegengesetzte Richtung laufen zu können.

Spaziergang mit Ecken und Kurven

Sie werden bei dieser Übung auf einer geraden Strecke nicht weit kommen. Verabschieden Sie sich von einem Gedanken an einen Spaziergang entlang einer bestimmten Wegstrecke und konzentrieren Sie sich allein darauf, immer wieder in Haken oder U-Turns zu laufen.

› Bauen Sie auch dann Richtungswechsel ein, wenn Ihr Hund sich scheinbar gerade an Ihnen orientiert. So kann Ihr Hund lernen, dass es sich lohnt, auf Sie zu achten und Ihre Wendungen mitzumachen. Andernfalls wird er nichtsahnend durch eine Richtungsänderung überrascht.

› Um zu kontrollieren, ob Ihr Hund aufmerksam ist, können Sie auch unterschiedlich schnell laufen. Orientiert sich Ihr Hund an Ihnen, wird er diese Wechsel im Lauftempo problemlos nachvollziehen. Ihr Hund muss dazu nicht ständig nach oben gucken und auch nicht exakt auf Ihrer Höhe laufen. Er kann sowohl Ihre Richtungs- als auch Tempowechsel nicht nur optisch wahrnehmen.

› Hunde sind Experten, wenn es darum geht, Bewegungen zu registrieren. Sollte Ihr Hund mehrfach Ihren jeweiligen Wechseln gefolgt sein, ohne an der Leine zu ziehen, können Sie die Übung beenden. Machen Sie die Leine wieder lang, ermuntern Sie Ihren Hund zum Lockersein, Sie können ihn zum Spielen auffordern oder ein Stück mit ihm joggen. Diese Übung können Sie immer wieder auf einem Spaziergang einbauen. Ihr Hund wird dadurch immer besser lernen, dass es sich lohnt, auf Ihre Schritte zu achten.

Timing und Körpersprache

Damit Ihr Hund wirklich lernt, dass der Inhalt der Übung darin besteht, nicht an der Leine zu ziehen, sind Timing und Körpersprache wichtig.

Auch bei einem aufmerksamen Hund ist ein Richtungswechsel ab und zu angebracht, damit er die Gelegenheit hat, es richtig zu machen.

› Beim Timing geht es für Sie darum, zu erkennen, wann der Zeitpunkt zum Umdrehen bzw. Richtungswechsel gekommen ist. Ist Ihr Hund bereits mit seinem ganzen Gewicht in die Leine gelaufen, kann es zu einem mühsamen Gezerre Ihrerseits kommen. Dadurch können Sie beim Hund wiederum Gegendruck auslösen. Gerade bei einem großen Vierbeiner kann die nun folgende Auseinandersetzung anstrengend sein. Kurz bevor die Leine sich spannt, ist also der richtige Zeitpunkt, um zu reagieren. Sie sollten sich in diesem Moment sicher sein, dass Ihr Hund mit dem Kopf nicht mehr »bei Ihnen« ist.

› Körpersprachlich machen Sie Ihrem Hund eine Reaktion wesentlich leichter, wenn Sie Ihren Richtungswechsel mit einer deutlichen Drehung – auch des Oberkörpers – ankündigen: Sollte er seine Aufmerksamkeit gerade auf Sie gerichtet haben, hat er die Möglichkeit, sich gleichzeitig mit Ihnen umzuwenden, ohne erst in die Leine zu laufen.

Leinenführigkeit über Unterbrechung und Angebot

Zielgruppe Bei dieser Trainingsform ist das »Nicht-Mehr-Ziehen« im Grunde nur ein positiver Nebeneffekt. Eigentlich will man Hunden vermitteln, sich besser nach »ihren« Menschen zu richten. Gerade um Konfliktsituationen zu lösen, kann dies hilfreich sein – etwa bei Hunden, die an anderen Artgenossen derart interessiert sind, dass sie »ihren« Menschen hemmungslos in die Richtung des Artgenossen ziehen. Oder bei Hunden, die permanent auf der Suche nach anderen Reizen sind. Bei den Übungen lernt der Hund, dass es sich lohnt, auf das zu achten, was der Mensch tut.

Zielsetzung Diese Technik soll dazu führen, dass die Hunde sich am Menschen orientieren. Ziel ist es, Richtung, Tempo und Stimmung vorzugeben, an die sich der Hund anpassen muss. Der Mensch macht dem Hund nach dem Abbruch eines bestimmten Verhaltens immer Angebote, mit ihm mitzukommen. Akzeptiert der Vierbeiner die Angebote, kommt er selbst auf die Lösung seines Problems: Er kann angeleint nur dann weiterkommen und entspannt gehen, wenn er sich am Menschen orientiert. Diese Form der Leinenführigkeit kann die Beziehung zwischen Mensch und Hund in positiver Form verändern. Zu Beginn sollte dieses Training nicht öfter als zwei- bis dreimal am Tag erfolgen und jeweils nur fünf Minuten dauern.

Führen Sie ein klares Anfangsritual ein. Danach verkürzen Sie die Leine auf die Hälfte. So signalisieren Sie den Übungsbeginn. Die meisten Hunde sind es nicht gewöhnt, sich am Menschen zu orientieren. In der Regel orientiert sich der Mensch am Hund. Er schaut ihn an, spricht mit ihm, versucht ihn über Kommandos oder Futter bei sich zu behalten. Will man diese Beziehung verändern, muss der Hund erkennen können, wann er auf seinen Menschen achten muss und wann nicht. Deshalb gibt es eine klare Unterscheidung: An langer Leine können Mensch und Hund machen, was sie wollen, an kurzer Leine soll der Hund lernen, sich am Menschen zu orientieren.

Diese Trainingsmethode legt den Schwerpunkt auf körpersprachliche Angebote des Menschen, die immer erfolgen sollten.

So gehen Sie vor

› Sie starten mit dem Hund an langer Leine. Ist die Leine lang, darf der Hund alles tun, was er auch sonst tut. Er darf schnuppern, sich lösen, ziehen, vielleicht andere Hunde anbellen – kurz: sein gesamtes Verhaltensrepertoire durchspielen. Sie dürfen dies natürlich auch. Ob Sie schimpfen oder sein Verhalten ignorieren, sich in eine andere Richtung umdrehen oder mit dem Handy telefonieren, all das spielt zu diesem Zeitpunkt keine Rolle.

› Dann beginnt die Leinenführigkeit mit einem Anfangsritual. Ab jetzt bestimmen Sie den Weg, ohne den Hund direkt anzuschauen oder mit ihm zu sprechen. Um diese veränderte Situation deutlich zu machen, bleiben Sie stehen, holen den Hund an der Leine kommentarlos zu sich heran. Dies gleicht manchmal dem Einholen eines Ankers. Ihr Hund wird allein durch diese Aktion erkennen, dass sich etwas verändert. Bei Ihnen angekommen, können Sie ihn durch einen leichten Druck auf das Hinterteil und das gleichzeitige leichte Nach-Oben-Ziehen der Leine ins »Sitz« bringen. So wird die Veränderung noch deutlicher. In diesem kurzen Ruhemoment verkürzen Sie auffällig die Leine um etwa die Hälfte der Länge. All dies passiert ohne Kommandos, ohne Ton, ohne Stimme und auch ohne den Hund mehr als nötig anzusehen.

› Aus dieser Position heraus – Ihr Hund sitzt, Sie stehen neben ihm – gehen Sie die ersten paar Schritte in die von Ihnen bestimmte Richtung. Machen Sie sich darauf gefasst, dass Ihr Hund nach spätestens zwei Schritten nicht mehr an lockerer Leine geht, sondern nach vorne zieht.

› Kurz bevor sich die Leine strafft, bleiben Sie stehen und geben durch einen kleinen Leinenruck, der von oben nach unten erfolgen sollte, ein Signal an Ihren Hund. Ihr Hund wird stoppen, weil er in

1 Die lange Leine bedeutet für Mensch und Hund: Noch hat die gemeinsame Übungsphase nicht begonnen, jedes Verhalten ist an diesem Punkt erlaubt.

2 Wird der Hund herangeholt und die Leine deutlich verkürzt, ist dies das Anfangsritual fürs Training. Ab jetzt bestimmt der Mensch den Weg.

3 Ab jetzt wird nicht mehr gesprochen – auch weitere Kommandos oder ein Lob sind überflüssig. Der Hund konzentriert sich auf den Menschen.

4 Orientiert sich der Hund nicht an Ihnen, dann bleiben Sie stehen und rucken von oben nach unten – nur in dieser Richtung! – an der Leine.

seinem Vorwärtsdrang unterbrochen ist. Ähnlich einem Menschen, dem Sie auf die Schulter tippen, wird sich Ihr Hund umdrehen. Im Gesicht steht ihm die Frage geschrieben: »Was ist denn?«

› Diese Frage beantworten Sie mit einem Angebot: Sie drehen sich deutlich und langsam um, nehmen Ihren Hund quasi körpersprachlich in eine andere Richtung mit. Wieder gehen Sie ein paar Schritte. Aus den Augenwinkeln sehen Sie, ob Ihr Hund Ihnen folgt oder mit dem Kopf woanders ist.

› Sollte er sich nach kurzer Zeit wieder nicht an Ihnen orientieren, indem er etwa an Ihnen vorbei nach vorne läuft, bleiben Sie erneut stehen, rucken leicht an der Leine und drehen sich dann deutlich in eine vom Hund abgewandte Richtung um. Sehr schnell wird Ihr Hund auf Sie achten.

› Jetzt können Sie einen deutlichen Richtungswechsel einbauen, den Ihr Hund mitbekommen kann und nachvollziehen wird. Um zu überprüfen, ob Sie noch die Aufmerksamkeit Ihres Hundes haben, können Sie ein paar schnelle Schritte einbauen – oder auf einmal langsam gehen. Auch ein kleiner Seitwärtsschritt ist manchmal sinnvoll.

Tanz ohne Musik

Zu Beginn werden Sie auch bei dieser Übung nicht weit kommen. Sie ähnelt im Grunde einer Unterhaltung ohne Worte. Ihr Hund lernt, dass es von Vorteil ist, auf die Körpersprache des Menschen zu achten. Es ist unwesentlich, auf welcher Seite der Hund geht, er darf sogar wechseln. Es geht nur darum, die Aufmerksamkeit des Hundes zu haben. Wichtig ist es, dem Hund immer wieder das Mitgehen anzubieten. Also stets überprüfen, ob der Hund noch im Kopf bei einem oder eine Unterbrechung notwendig ist. Nimmt der Hund körpersprachliche Angebote mehrfach hintereinander an,

löst man die Übung mit einem Schlussritual wieder auf. Machen Sie die Leine wieder lang, ermuntern Sie den Hund durch Sprache, Gestik und Bewegung, sich wieder frei zu bewegen und eigenen Dingen zu widmen. »Lustig machen« nennen das manche Hundetrainer. Unterschätzen Sie nicht, wie anstrengend es für Ihren Vierbeiner ist, sich so stark auf Sie zu konzentrieren. Also gönnen Sie ihm auch wieder seine Freiheiten an der langen Leine.

Rucken mit Gefühl

Die Form der Unterbrechung mit einem Leinenruck wird in der Hundewelt heftig diskutiert. Manche Kritiker meinen, damit könne man dem Hund körperlich schaden. Renommierte Tierärzte meinen allerdings, dass ein wohldosierter Ruck keine Folgen für die Halswirbelsäule hat. Klar ist, dass ein kleiner Ruck an einem Halsband deutlicher ankommt als an einem Geschirr. Daher ist es besser, diese Übung mit einem breiten Halsband zu trainieren, wenn die Unterbrechung beim Hund ankommen soll. Bei kleinen Hunden ist der Mensch gezwungen, deutlich in die Knie zu gehen, um mit dem Arm die dafür notwendige Wellenbewegung zu vollziehen. Ganz wesentlich ist es, von oben nach unten zu rucken, damit am Halsband selbst nur ein leichtes Zupfen nach unten ankommt, kein Herumreißen des Hundes nach oben.

Timing und Körpersprache

Der Ruck sollte erfolgen, kurz bevor sich die Leine strafft, der Hund aber schon in seinem ganzen Verhalten nach vorne oder zur Seite driftet. Beobachten Sie Ihren Vierbeiner genau: Das Rucken an straffer Leine führt zu einem Herumreißen Ihres Hundes und hat nichts mit dem sanften Antippen der Schulter zu tun, das es symbolisieren soll. Sie

1 Das Rucken an der Leine – bitte mit Gefühl einsetzen! – lässt Ihren Hund aufmerksam werden. Er wird den Kopf fragend zu Ihnen umdrehen.

2 Durch eine deutliche und langsame Körperdrehung signalisieren Sie Ihrem Hund: Wir setzen ab sofort den Weg in einer anderen Richtung fort.

3 Ihr Hund wird sich an Ihnen orientieren, wenn Sie auf diese Weise die Richtung vorgeben. Körpersprache kann er besser verstehen als andere Signale.

4 Nachdem Sie die Übung erfolgreich beendet haben und die Leine wieder lang gemacht haben, freut sich Ihr Hund über ein gemeinsames Spiel.

können das Rucken erst einmal ohne Hund üben: Befestigen Sie dazu die Leine in Hundehalshöhe an einem Zaun oder Haken und versuchen Sie die »La-Ola-Bewegung« Ihres Armes zu trainieren. Achten Sie darauf, was der Karabiner am anderen Ende der Leine macht. Ziehen Sie ihn nach oben, sollten Sie Ihre Technik verändern. Entsteht durch Ihre Wellenbewegung aber ein Zupfen nach unten, sind Sie auf dem richtigen Weg.

Achten Sie darauf, den Ablauf einzuhalten. Bleiben Sie zuerst stehen. Warten Sie kurz ab, ob der Hund zumindest schon körperlich Ihr Stehenbleiben registriert hat. Wendet er sich nicht zu Ihnen, dann rucken Sie. Warten Sie dann kurz ab, ob Ihr Hund dieses Signal gespürt hat und sich Ihnen »fragend« zuwendet. Dann machen Sie ihm durch die Drehung Ihr körpersprachliches Angebot. Häufig rucken und drehen sich die Menschen gleichzeitig, was im Extremfall dazu führt, dass die Menschen den Hund an der Leine herumzerren.

Der Hund bleibt zurück

Lässt sich Ihr Hund im Training nach hinten fallen, gehen Sie einfach weiter. Vermeiden Sie es, an der Leine zu rucken, während Ihr Hund hinter Ihnen läuft oder sich ziehen lässt. Sie können in dem Moment nicht genau überblicken, was Ihr Hund tut.

Das Angebot muss kommen!

Gewöhnen Sie sich nicht an, außerhalb des Trainings ständig an der Leine zu rucken. Nicht das Rucken ist der Schwerpunkt dieser Übung, sondern das Angebot. Auf ein Rucken, das den Hund in seiner Aktivität unterbrechen soll, muss immer ein Angebot für ein alternatives Verhalten erfolgen, etwa eine Drehung in eine andere Richtung. Sonst kann es schnell dazu kommen, dass ein ziehender Hund immer wieder durch Rucken vom Ziehen abgehalten werden soll, sein Mensch am anderen Ende der Leine aber nur ruckt und einfach weitergeht. Der Hund kann nichts dabei lernen.

Leinenführigkeit über Halti

Zielgruppe Schwere Hunde, die ihren Besitzern kräftemäßig überlegen sind und bei denen andere Techniken nicht zum Erfolg geführt haben. Mehr als bei Geschirr oder Halsband hat man mit dem Halti die Möglichkeit, auf den Aktionsrahmen des Hundes einzuwirken. Auch ein eher zierlicher Mensch bekommt dadurch die Chance, Richtung und Tempo des Hundes stärker zu bestimmen.

Zielsetzung Der Hund soll durch das Kopfhalfter lernen, besser auf seinen Menschen zu achten und häufiger Blickkontakt zu suchen. Durch das Halti kann er einen anderen Hund nicht fixieren, dadurch werden Aggressionen vermieden. Zudem soll er lernen, sich nicht mehr so leicht von anderen Reizen ablenken zu lassen. Das Halti ist nur als Korrekturmittel über einen gewissen Zeitraum sinnvoll. Im Freilauf darf er sich »ohne« bewegen, da Artgenossen durch das Halfter irritiert sein können.

So gehen Sie vor

Ein Kopfhalfter kennen die meisten Hunde nicht. Lassen Sie den Hund ruhig am Halfter schnuppern.

› In einem zweiten Schritt öffnen Sie mit Ihrer einen Hand die Schlaufe, die später über den Fang des Hundes gezogen werden soll. Bieten Sie mit der anderen Hand ein Leckerli so an, dass der Hund nur daran herankommt, wenn er ansatzweise seine Nase durch das Halfter steckt. Wiederholen Sie diese Kennenlern-Übungen.

› Signalisiert Ihr Hund, dass er mit dem Halfter erst einmal kein Problem hat, können Sie es mit einem weiteren Leckerli kurz über seinen Fang streifen. Machen Sie es nicht zu, nehmen Sie es nach einem Augenblick wieder ab. Die Gewöhnungsphase kann ruhig ein paar Tage in Anspruch nehmen. Die Leine sollte auf den ersten Spaziergängen noch nicht am Halfter befestigt werden.

Timing und Körpersprache

Das Führen am Halti selbst sollten Sie durch einen Hundetrainer erlernen. Sie brauchen dazu eine Leine mit jeweils einem Karabiner an jedem Ende. Der kleinere Karabiner sollte am Ring unter der Schnauze des Hundes befestigt werden, der andere am Geschirr oder Halsband des Hundes. Die eigentliche Führung des Hundes erfolgt normalerweise durch den Teil der Leine, der am Halsband oder Geschirr befestigt ist.

Ganz wesentlich bei der Arbeit mit Halti ist die Ruhe des Menschen. Ihr Hund kann sich mit Halti nicht sonderlich frei bewegen. Daher dürfen Sie nicht permanent an dem Vierbeiner herumzerren. Bleiben Sie in Ihren Aktionen so ruhig wie möglich, auch wenn Ihnen ein anderer Hund begegnet. Sie bestimmen jetzt über seine Kommunikation.

Offen für Neues

GEWÖHNUNGSBEDÜRFTIG Halfter empfinden wir bei Pferden als normal. Ein Halti beim Hund ist zwar ungewohnt, kann aber sinnvoll sein.

HILFREICH Manchmal sind Haltis die einzige Möglichkeit, Hunde überhaupt auf einen Spaziergang mitzunehmen. Anders können gerade große und ungestüme Hunde sonst von ihren menschlichen Begleitern nicht gehalten werden.

AUSRÜSTUNG Zu einem Halti gehört immer entweder ein Geschirr oder ein Halsband. Daran wird ebenfalls eine Leine befestigt, an der der Hund zumeist auch geführt wird. In möglichen Konfliktsituationen kann die zweite Hand den anderen Teil der – am Halti befestigten – Leine ergreifen. Jetzt kann man den Kopf des Hundes in eine andere Richtung wenden – beispielsweise um seinen Blickkontakt zu einem Artgenossen zu unterbrechen oder sein Ziehen zu unterbinden.

EINGEWÖHNUNGSPHASE Beim Kopfhalter handelt es sich um ein zusätzliches Hilfsmittel, das die meisten Hunde in ihrem bisherigen Leben noch nicht kennengelernt haben. Deshalb muss zu Anfang einige Zeit darin investiert werden, den Hund an das Halfter zu gewöhnen. Andernfalls wird er beim ersten Einsatz permanent versuchen, sich das »lästige Ding« vom Kopf zu streifen. Ein geregeltes Training ist dann nicht möglich.

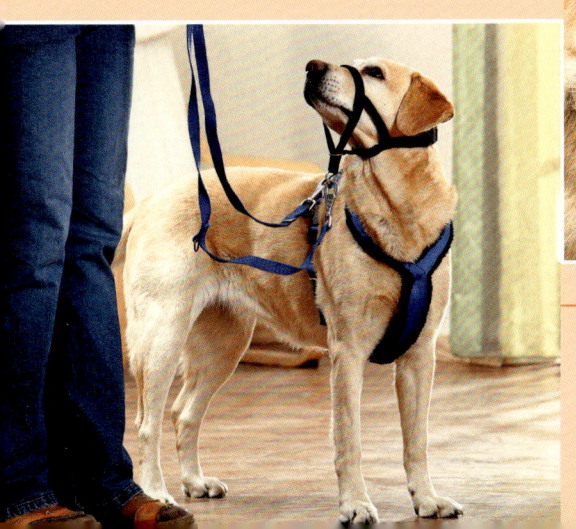

BELOHNUNG Das Überstreifen des Halti können Sie mit einer Leckerli-Gabe verknüpfen. Viele Hunde werden dann das Anlegen des Haltis als positiv empfinden und entsprechend reagieren.

Aufmerksamkeitstraining mit der Schleppleine

Auf Hundewiesen oder in großen Auslaufgebieten sieht man sie immer häufiger: Hunde, die eine lange Leine hinter sich herziehen. Oft sind diese Leinen zwischen 5, 10 oder gar 20 Meter lang. Sie sollen helfen, dem Hund beizubringen, sich nur in einem bestimmten Radius rund um »ihren« Menschen aufzuhalten.

Schleppleinentraining bedeutet, dass der Hund sich innerhalb dieses Kreises frei bewegen kann, er gleichzeitig aber daran gehindert wird, sich weiter von seinem Besitzer zu entfernen. Die Motive für ein solches Training können vielfältig sein:

› Der Hund soll lernen, auf Zuruf zu kommen.
› Hunde sollen vom Jagen abgehalten werden – gleichgültig, ob es um Jogger oder Wildtiere geht.
› Ängstliche Hunde sollen vor der Panikreaktion »Flucht« bewahrt werden. Letztlich geht es also nicht um eine Leinenführigkeit im klassischen Sinn, sondern um ein Training, das eine Vorbereitung für den Freilauf ohne Leine sein soll.

> Die Schleppleine ist kein Mittel, um Leinenführigkeit zu üben. Sie soll den Hund an einen bestimmten Radius gewöhnen, den er nicht überschreiten soll. Sie dient zur Vorbereitung des Freilaufs.

Dauer des Trainings

Während der Dauer des gesamten Schleppleinentrainings sollte der Hund nie »wirklichen« Freilauf haben, da er sonst den Unterschied genau erkennen kann und sein Verhalten jeweils anpasst. Das heißt als logische Konsequenz, dass Ihr Hund für einige Wochen, vielleicht sogar zwei bis drei Monate, immer an der Schleppleine sein wird.

So gehen Sie vor

Auch die Elemente des Schleppleinentrainings bauen aufeinander auf:

› Zuerst üben Sie mit einer eher kürzeren Schleppleine von etwa fünf Meter Länge in ablenkungsfreier Umgebung. Dabei halten Sie die in Schlaufen aufgewickelte Leine in der Hand – so entstehen keine Knoten, wenn sie zu Boden fällt. Die Leine ist mit einem Karabiner am Geschirr des Hundes befestigt.

› Lassen Sie nun die Leine einfach fallen. Behalten Sie das andere Ende in Ihrer Hand und bewegen sich von Ihrem Hund weg. Ihr Hund wird weiterlaufen und in das Ende der Leine laufen, wenn er nicht merkt, dass Sie sich in eine andere Richtung entfernen. Ähnlich wie bei der Leinenführigkeit über Dynamik soll Ihr Hund die Erfahrung machen, dass es besser ist, auf Ihre Körpersprache zu achten und sich an Ihnen zu orientieren. Der Ruck signalisiert, dass es an der von ihm gewollten Stelle nicht weitergeht. Das »Lob« besteht darin, dass er keinen weiteren Ruck erfährt, wenn er bei Ihnen bleibt.

› Sie können jetzt gezielt Situationen herbeiführen, in denen der Hund Schlüsselreizen ausgesetzt wird, die sonst dazu führen, dass er an der Leine zerrt und sich von Ihnen wegbewegt.

› Bitten Sie einen Bekannten, mit Hund auf Sie zuzukommen. Ihr Hund wird auf den anderen Hund

Tipps zur Schleppleine

TIPPS VON DER
HUNDE-EXPERTIN
Leo Busch

Folgende Punkte sollten Sie beachten, dann ist das Schleppleinentraining ganz einfach!

KAUF Die Schleppleine muss Körper und Gewicht Ihres Hundes angepasst sein. Gut eignen sich flache Gurte aus dem Baumarkt mit 10 bis 15 Meter Länge. Signalfarben werden auch von anderen Fußgängern gut wahrgenommen.

GESCHIRR Damit bei einem möglicherweise erfolgenden Stopp aus vollem Galopp kein Halswirbel leidet, bietet sich ein Geschirr an. Aber auch auf die Schulterblätter können so massive Kräfte einwirken.

UNFALLGEFAHR Achten Sie darauf, mit der Schleppleine niemanden zu gefährden. Auf stark frequentierten Wegen sollten Sie auf den Einsatz verzichten. Achten Sie darauf, sich nicht vom Hund in einer Schlaufe einkreisen zu lassen. Startet er durch, bringt er Sie zu Fall.

HANDSCHUTZ Mit Handschuhen haben Sie einen besseren Griff, wenn der Hund in die Leine läuft, Verbrennungen an den Handinnenflächen werden dadurch vermieden.

zulaufen wollen. Sie lassen die Schleppleine auf den Boden fallen, behalten aber die Endschlaufe in Ihrer Hand und entfernen sich in die entgegengesetzte Richtung. Ihr Hund wird durch Ihr Weglaufen mit einem Ruck daran erinnert, dass er sich an Ihnen orientieren soll.

› Ähnlich können Sie es mit einer befreundeten Person samt Fahrrad üben. Achten Sie darauf, dass sich die Schleppleine nicht verheddert und dass sie nicht in die unmittelbare Nähe des Fahrrades kommen kann, um Unfälle zu vermeiden.

Üben mit längerer Leine

Auf diesem Training baut die Arbeit mit einer längeren Leine von etwa 10 Meter Länge auf. Dazu gibt es unterschiedliche Varianten:

› Halten Sie das eine Ende der Leine ständig in der Hand. Rufen Sie den Hund kurz zu sich. Drehen Sie sich um und gehen in eine andere Richtung weiter, sollte der Vierbeiner Ihren Ruf ignorieren und dazu ansetzen, den Radius zu verlassen.

› Sie können die Schleppleine auch über den Boden schleifen lassen. Dazu ist es sinnvoll, die Handschlaufe am Ende abzuschneiden, da die Leine sonst ständig irgendwo hängen bleibt. Für diese zweite Variante müssen Sie immer aufmerksam sein, damit der Hund nicht doch irgendwann weglaufen kann, weil er beispielsweise einem Reh hinterherjagt. In diesem Fall muss der Mensch schnell das Ende der Leine schnappen oder sich

Schickt sich der Hund an, den Radius der Schleppleine zu verlassen, dann sollten Sie rasch reagieren.

Sie machen den Hund stimmlich auf sich aufmerksam und setzen den Weg in einer anderen Richtung fort.

mit dem Fuß daraufstellen, damit der Hund in die Leine rennt und in seinem Ansinnen keinen Erfolg hat. Bei einem kräftigen Vierbeiner muss man sich als Besitzer auf den Ruck regelrecht vorbereiten, wenn man nicht von den Beinen geholt werden will. In die Knie gehen und nach vorne beugen hilft!

Wie wird man die Schleppleine los?

Manche Hundetrainer schlagen vor, das Schleppleinentraining über eine relativ lange Zeit erfolgen zu lassen. Hat sich der Hund an die Leine gewöhnt und verlässt schon seit einigen Wochen den ihm vorbestimmten Radius nicht, darf die Leine wochenweise um 50 Zentimeter gekürzt werden.
Bei einer Länge von 20 Metern würde das einem Zeitraum von 40 Wochen entsprechen, bis man das Schleppleinentraining wieder ganz aufgeben kann. Sind Sie im Training erfolgreich, so sollte der Hund trotzdem noch einige Zeit lang mit einer etwa ein Meter langen Schleppleine weiterlaufen. Auf diese Weise »fühlt« er sich nach wie vor kontrolliert, das Handling für Sie ist aber eindeutig leichter geworden. Erst ganz zum Schluss kann der Hund statt der Schleppleine eine leichte Metallfeder ans Halsband bekommen, damit er immer noch das Gefühl hat, die Leine sei da und er könne nötigenfalls korrigiert werden.

Grenzen des Trainings

Wer einen passioniert jagenden Hund hat, wird die Grenzen dieses Trainings schnell erkennen: Immer mal wieder wird es dem Menschen nicht gelingen, schnell genug die Leine zu ergreifen – auch wenn wochenlang der Rückruf klappte.
Erfolgreich ist das Schleppleinentraining vor allem bei Hunden, die man in einem engeren Radius an sich binden will. Bei Hunden mit einer raschen Auf-

Eine Situation fast wie im Freilauf. Dennoch kann der Mensch durch die Leine in brenzligen Situationen eingreifen.

fassungsgabe, die sich außerdem relativ leicht einschränken lassen, kann sie ein gutes Hilfsmittel sein. Allerdings ist es kaum zumutbar, sie länger als zwei Monate auf den täglichen Spaziergängen einzusetzen. Will man nämlich immer das Ende der Schleppleine in der Hand behalten, wird man bald feststellen, dass gemeinsame Spaziergänge sehr mühsam sind: Die Leine muss ständig von einem Busch am Wegesrand entwirrt werden, andere Spaziergänger fühlen sich von der Leine belästigt, die vielleicht gerade um ihre Beine gezogen wird.

Im Freilauf mit anderen Hunden

Soll Ihr Hund mit befreundeten Hunde toben können, nehmen Sie die Leine besser ab, aber behalten Sie ihn dann im Auge, damit er nicht in einem unbeobachteten Moment die Chance zum Ausbüchsen nutzt.

Probleme bewältigen

Wollen Sie unerwünschte Verhaltensweisen Ihres Hundes in den Griff bekommen, so sollten Sie sich zuerst einmal über deren Ursachen klar werden. Erst dann können Sie sich eine erfolgversprechende Strategie zurechtlegen, die individuell auf Sie und Ihren Vierbeiner zugeschnitten ist.

Was Hunde können müssen

Nicht immer »funktionieren« Hunde so, wie man sich das vorstellt. Bei manchem Junghund in den pubertären »Flegeltagen« mag man verzweifeln, weil er alles wieder vergessen hat, was er als Welpe bereits konnte. Da hilft dann tatsächlich nur der Ratschlag mit der Geduld: Diese Zeit geht vorüber. Auf der anderen Seite können sich gerade in dieser Phase Verhaltensweisen etablieren, die nur mit viel Mühe wieder rückgängig gemacht werden können. Nicht nur in diesem Fall ist es häufig sinnvoll, eine Hundeschule zu besuchen. Das Feedback des Trainers und der anderen Hundebesitzer kann sehr hilfreich sein. Scheuen Sie sich nicht, professionelle Hilfe in Anspruch zu nehmen. Nehmen Sie Einzelstunden, wenn Sie das Gefühl haben, einfach nicht weiterzukommen. Ihr vermeintliches Versagen hat nicht gleich zwingend etwas damit zu tun, dass die Menschen verlernt haben, ihre Hunde zu erziehen.

Die Ansprüche an unsere Vierbeiner sind einfach weitaus größer als noch vor vielleicht 50 oder 60 Jahren: Unsere Hunde begleiten uns in der heutigen Zeit viel häufiger auch im normalen Alltag, während sie »früher« einfach im Haus oder auf dem Bauernhof zurückblieben. Hunde des 21. Jahrhunderts sollen Auto, Zug und Bus fahren können, in Restaurants ruhig unter dem Tisch liegen und Kleinkindern nicht den Keks aus der Hand klauen. Angesichts dieser gesteigerten Anforderungen kann es absolut richtig und verantwortungsvoll sein, bei einem Trainer dazuzulernen oder sich bei Problemen Unterstützung zu suchen. Achten Sie zu Beginn darauf, dass ein Schwerpunkt bei der Beratung durch den Hundetrainer auf einer eingehenden Analyse Ihrer individuellen Mensch-Hund-Beziehung liegt. Technische Tipps allein bringen einen meist nicht weiter.

Der Hund ist ständig außer Rand und Band

Es scheint zurzeit immer mehr Hunde zu geben, die keine Grenzen kennen, »überdreht« wirken und nicht zur Ruhe kommen. Dieses Verhalten kann unterschiedliche Gründe haben. Es können Erziehungsprobleme dahinterstecken, auch Überzüchtung kann dafür verantwortlich sein. Daneben kommen Ursachen wie falsche Ernährung infrage. Im simpelsten Fall kann einfach eine falsche Verknüpfung vorliegen, der Hund hat »falsch gelernt«.

Für Ruhe sorgen

Wie sollten also die ersten Schritte aussehen, wenn man einen Hund hat, mit dem man das Thema »Leinentraining« erst gar nicht angehen mag, weil er ständig völlig überdreht ist?
In diesem Fall lautet Ihr oberstes Ziel, erst einmal für Ruhe zu sorgen und diese dem Hund zu vermitteln. Auch dabei kann die Leine helfen. Das Ziel, sich an lockerer Leine gemeinsam entspannt zu bewegen, wird erst später in Angriff genommen.

› Nehmen Sie Ihren überdreht wirkenden Hund in den eigenen vier Wänden an die Leine und begrenzen Sie seinen Spielraum, in dem Sie mit dem Fuß auf die Leine treten. Kümmern Sie sich ansonsten nicht weiter um das Befinden Ihres Vierbeiners.

› Sie stehen oder sitzen völlig entspannt da, unterhalten sich mit anderen Menschen oder arbeiten am Computer. Kurz: Sie sind völlig mit Ihren eigenen Dingen beschäftigt.

› Nach einer Weile sollte Ihr Hund zur Ruhe kommen. Am Anfang sollten Sie die Übung schon nach einer kurzen ruhigen Phase beenden. Später können Sie auf einem längeren Zeitraum bestehen.

Geduld kann man lernen

Eine andere Möglichkeit besteht darin, Ihren Hund für eine Weile auf seinen Platz zu schicken und ihn dort liegen zu lassen. Wollen Sie vermeiden, ihn alle halbe Minute zu korrigieren und ihn zurück auf

Manche Hunde neigen eher zu Überreaktionen und drehen leichter auf als andere Vierbeiner. Bei ihnen ist Ruhe das oberste Gebot.

seinen Platz zu schicken, können Sie ihn dort durchaus auch anleinen. So fördern Sie in Ihrem Hund eine Fähigkeit namens »Frustrationstoleranz«. Das heißt, Sie vermitteln ihm ein gewisses Maß an Geduld und machen ihn stark für Situationen, die er in seinem Leben noch aushalten muss. Diese Fähigkeit macht das Zusammenleben mit Ihrem Vierbeiner einfacher. Ein Hund, der gelernt hat, dass nicht ständig seine eigenen Bedürfnisse im Vordergrund stehen, ist ein besserer Begleiter in allen Lebenslagen (→ Seite 20).

Ruhe lässt sich üben

Ruhe kann man auch in anderen Situationen trainieren. Seien Sie fantasievoll – Sie können viele kleine Übungen »erfinden«!

› Ihr Hund muss liegen bleiben, während andere Vierbeiner frei laufen dürfen. Achten Sie aber darauf, nicht zu früh mit Ablenkung zu trainieren.

› Es ist nicht notwendig, gleich zu Anfang auf »Sitz« oder »Platz« zu bestehen. Ist der Spielraum Ihres Hundes beispielsweise durch die Leine, auf der Sie stehen, stark eingeschränkt, wird er sich – sobald er zur erwünschten Ruhe kommt – von allein hinsetzen oder -legen.

› Flippt Ihr Hund im Auto aus, kurz bevor Sie auf den Parkplatz fahren, der für Ihren Hund »Spaziergang« bedeutet? Dann lassen Sie ihn doch erst einmal für fünf Minuten im Auto. Gehen Sie allein ein Stück. Der Hund darf erst dann aus dem Auto springen, wenn er ruhig geworden ist. Oder Sie fahren sofort wieder vom Parkplatz weg, drehen noch eine Runde und versuchen einen neuen Anlauf – abhängig von Ihrem Maß an Durchhaltevermögen.

› Dreht der Hund bei Besuch immer auf, weil er sich ein Leckerchen als Mitbringsel erhofft, muss er erst einmal in einem Nebenzimmer warten.

Damit der Hund zur Ruhe kommt, können Sie sich auf die Leine stellen. Jetzt passiert erst einmal gar nichts. Bleiben Sie trotzdem entspannt.

Ruhezonen anbieten

Schaffen Sie Bereiche für Ihren Hund, in denen einfach nichts passiert und er auch nicht mit Reizen konfrontiert wird – immer angepasst an dessen Verhalten und Ihre Lebenssituation.

KENNEL Es gibt Hunde, für die eine Hundebox hilfreich ist. Dort bekommen sie wenig mit und können sich endlich mal entspannen. So fühlen sie sich geborgen oder legen sich auch einfach mangels Alternative nach einer Weile endlich hin und schließen die Augen.

HILFE VOM PROFI Haben all diese Hinweise das Verhalten Ihres Hundes nicht verbessert, sollten Sie die Ursache für seine Enthemmtheit möglichst von einem Profi abklären lassen.

Jagen

Häufig ist ein jagender Hund nicht unbedingt gleichzeitig auch ein unerzogener Hund. Viele Vierbeiner sind prima Alltagsbegleiter, gehorchen sämtlichen Grundkommandos aufs Wort und haben eine gute Bindung zu ihrem Menschen. An der Leine orientieren sie sich an ihrer Bezugsperson, und auch im Freilauf entfernen sie sich nicht allzu weit. Wenn da nicht die ein oder zwei Ausnahmen im Jahr wären, in denen ein Reh direkt vor ihrer Nase aufspringt und sie gar nicht anders können, als hinterherzuhetzen. Fragen Sie sich ehrlich, wie Sie mit dem Risiko umgehen wollen, das in diesen seltenen Fällen natürlich besteht: Auch bei diesen seltenen »Ausrutschern« kann Ihr Hund unter ein Auto geraten, ein Wildtier verletzen oder von einem Jäger erschossen werden. Aber lohnt es sich, für diese Einzelereignisse ein Anti-Jagd-Training zu beginnen? Das müssen letztlich Sie selbst entscheiden.

Im Griff der eigenen Gene

Anders sieht es mit Hunden aus, die auf jedem Spaziergang nur nach jagdlichen Reizen suchen und jede Gelegenheit wahrnehmen, um stunden- oder sogar tagelang unterwegs zu sein. Vielfach läuft bei solchen Hunden ein genetisches Programm automatisch ab. Geraten sie in den »Jagd-Modus«, was häufig beim Hetzen geschieht, sind sie für uns nicht mehr ansprechbar. Das hat nichts mit Böswilligkeit zu tun, sondern liegt an den Hormonen, die bei so einer Gelegenheit ausgeschüttet werden. Sie führen dazu, dass der Hund schmerzunempfindlich wird, weder Hunger noch Durst spürt und nur noch eines im Sinn hat: Hinterher!

Jagdsituationen vermeiden?

Natürlich können Sie versuchen, den Hund möglichst wenig mit jagdlichen Reizen zu konfrontieren. Wenn Sie aus Erfahrung die Stellen kennen, an denen Sie Wild begegnen könnten, ist es das Einfachste, Ihren Hund einfach anzuleinen – vielleicht haben Sie auch das Glück, Reh oder Katze bereits vor Ihrem Hund zu sehen. Sie können natürlich auch probieren, ihn abzulenken, Übungen einzubauen, ein Spiel mit einem Futterbeutel zu initiieren. Letztlich wird das Reh aber in den meisten Fällen interessanter sein als jede noch so leckere Fleischwurst in der Tasche.

Sehr stark jagdlich motivierte Hunde werden Sie mit solchen Ablenkungen nicht daran hindern, ihrer genetisch festgelegten Veranlagung zu folgen. Da-

Können Sie Ihren Hund in jeder Situation zu sich rufen und er kommt stets zurück? Dann dürfen Sie dieses Kapitel getrost ignorieren.

her werden Sie, wenn Sie Ihren Hund in einer von Wild frequentierten Umgebung frei laufen lassen wollen, meistens um die Arbeit mit einem Hundetrainer nicht herumkommen.

Abhilfe schaffen

Anders stellt sich die Situation dar, wenn Sie bereits an der Leine Probleme haben, Ihren Hund vom Jagen abzuhalten. Hier sind Sie Herr der Lage, denn die Leine bietet Ihnen die Möglichkeit, Ihren Einfluss geltend zu machen. Mittels der Leine können Sie es schaffen, eine soziale Interaktion zwischen sich und dem Hund aufzubauen, die für den Vierbeiner eine höhere Bedeutung hat als der jagdliche Reiz. Das liegt unter anderem daran, dass der Hund an der Leine kaum die Chance hat, bereits in den »Hetzmodus« zu kommen. Er ist also in den meisten Fällen noch für Sie erreichbar.

Nehmen wir also an, Sie haben einen Hund, der sich bereits an der Leine beim Anblick einer Kuhherde oder einer Katze wie wild gebärdet. Dann bieten sich verschiedene Trainingsmethoden an.

> Üben Sie die Leinenführigkeit mittels Unterbrechung und Angebot (→ Seite 40). Diese muss gerade bei jagdlich interessierten Hunden, aber natürlich auch in anderen Fällen, erst einmal ohne Ablenkung einwandfrei klappen, ehe Sie den Hund mit jagdlichen Reizen konfrontieren und damit die Schwierigkeitsstufe steigern. Bei manchen Hunden reicht es schon, in Sichtweite einer Pferdekoppel zu üben. Andere, die ein verschobenes Beuteschema haben und beispielsweise jedem Auto hinterherjagen wollen, sollten ebenfalls nur schrittweise an

den für sie entscheidenden Reiz mit der Leine herangeführt werden, damit Sie sich und Ihren Hund auch keiner Gefahr aussetzen. Beachten Sie, dass Sie die Leinenführigkeit nicht allein als Technik betrachten, sondern als eine Art soziale Interaktion mit Ihrem Hund. Ist er für Sie aufgrund der Ablenkung nicht mehr ansprechbar, haben auch die Methoden der Leinenführigkeit ihre Grenzen.

> Üben Sie mit der Schleppleine (→ Seite 46). Nehmen Sie sich aber nicht zu viel vor. Einen kleinen oder mittelgroßen Hund werden Sie noch halten können, wenn er mit Schwung und jagdlichem Elan ins Leinenende rast. Bei einem größeren Hund kann Ihre körperliche Unversehrtheit in Gefahr kommen.

Die Schleppleine in der Hand behalten? Das geht am besten auf Wegen ohne Hindernisse.

Mit Aggressionen umgehen

Aggressionen können ebenfalls ganz unterschiedliche Ursachen haben. Gerichtet können sie gegen Artgenossen, aber auch gegen Menschen sein.

› Manche Vierbeiner verteidigen einen Sozialpartner, wie zum Beispiel den eigenen Menschen.

› Mancher Hund verteidigt auch das Territorium, das er als »seines« erachtet – die »eigene« Straße, der eigene Garten. Es kann auch der immer gleiche Spazierweg sein.

› Ressourcen, die »verteidigungwürdig« sind, können die Leckerlis oder der Ball sein, die der jeweilige menschliche Begleiter bei sich trägt.

› Eine Hündin, die zufällig auf dem Spaziergang mit dabei ist, gilt manchem Rüden ebenfalls als Ressource, die verteidigt werden muss.

› Damit ist die Liste noch lange nicht zu Ende. Aggression kann sich aus einer Lernerfahrung, durch soziale Unsicherheit, Angst, Stress oder Schmerzen entwickeln. Aggression kann außerdem aus einer Stimmungsübertragung zwischen Mensch und Hund resultieren. Sie kann durch den Menschen unbewusst verstärkt werden.

Die vielen möglichen Ursachen, die manchmal sogar in Kombination miteinander auftreten, machen schnell deutlich, dass es ein Patentrezept – den einen Tipp – gegen aggressives Verhalten nicht geben kann.

Natürliches Verhalten

Machen Sie sich – ehe Sie nach Lösungsmöglichkeiten suchen – bewusst, dass aggressives Verhalten zum Kommunikationsrepertoire eines jeden Lebewesens gehört. Häufig dient es dazu, wirklich tätlichen Auseinandersetzungen aus dem Weg zu gehen und andere Vierbeiner auf Abstand zu bringen. Überlegen Sie: Ist Ihr Hund grundsätzlich sozial unverträglich mit anderen Artgenossen? Oder gebärdet er sich nur an der Leine so? Manche Hunde sind an der Leine nur deshalb aggressiv, weil sie nicht zum anderen Hund dürfen. Ist dies der Fall, so sollten Sie versuchen, das Problem in

Es gehört viel Erfahrung dazu, die Körpersprache von Hunden zu lesen und sich gleichzeitig der eigenen Signale bewusst zu sein.

den Griff zu bekommen, indem Sie Frustrationstoleranz mit dem Hund trainieren (→ Seite 20).

Die Suche nach den Ursachen

Sind Sie zu der Überzeugung gekommen, dass Ihr Hund glaubt, etwas verteidigen zu müssen? Dann können Sie an der Leine durch ein Ausschlussverfahren prüfen, welcher der vorher genannten Faktoren beim Hund zu Aggressionen führt:

› Nehmen Sie eine Zeit lang keine Leckerlis oder kein Spielzeug mehr auf den Spaziergang mit. Mindert sich dann das aggressive Verhalten Ihres Hundes, haben Sie einen Hinweis auf dessen Motivation: Sie ist ressourcenbedingt.

› Binden Sie Ihren Hund an einem Laternenpfahl oder einem Baum an, wenn er sich gegenüber einem Artgenossen, der Ihnen entgegenkommt, aggressiv aufführt. Gehen Sie ein paar Schritte allein weiter und beobachten Sie Ihren Hund: Reduziert er sein Gebahren, hat sein aggressives Verhalten etwas mit Ihnen zu tun. Entweder verteidigt er Sie als seinen Sozialpartner oder er bezieht aus Ihrer Stärke seine »Lizenz zum Stänkern«. Behält er seine Pöbeleien auch im Alleingang bei, hat sein Verhalten nichts mit Ihnen zu tun.

Abhilfe schaffen

War die Ursachensuche erfolgreich, so können Sie daran arbeiten, nach einer Lösung zu suchen. Dazu bietet sich etwa ein Training zur Leinenführigkeit an, wobei für steigende Reize von außen gesorgt wird. Überlegen Sie sich, was sinnvoll ist. Holen Sie sich bei Bedarf Hilfe vom Profi: Scheinbar beruhigendes Reden mit dem Hund kann beispielsweise dafür sorgen, dass er sich in seinem Verhalten bestätigt fühlt. Leckerlis im falschen Moment können den Konflikt sogar noch verschlimmern.

Professionelle Hilfe

TIPPS VON DER
HUNDE-EXPERTIN
Leo Busch

Manchmal kann es notwendig sein, den Ursachen für aggressives Verhalten mit einem professionellen Hundetrainer auf den Grund zu gehen.

ANALYSE Erstes Ziel der Arbeit ist es meist, die Beziehung von Hund und Mensch zu ändern. Vielfach muss sich der Halter Fragen wie »Wer bestimmt bei uns die Stimmung?« stellen.

ZIELSETZUNG Im Anschluss an die Analyse legen Mensch und Hund mithilfe des Trainers eine neue Kommunikationsbasis fest.

TRAINING Durch »Stellvertreterkonflikte«, d. h. gestellte Übungen mit Futter oder Spielzeug, lernen Mensch und Hund ein neues Verhaltensmuster. Hundebegegnungen außerhalb des Trainings werden vermieden oder nicht vom Mensch kommentiert. Der Mensch lernt, andere Situationen mit dem Hund zu meistern.

NEUER VERSUCH Erst wenn dies gelingt, kann der Mensch den eigentlichen Konflikt angehen. Aufgrund der veränderten Beziehung, die der Mensch gelernt hat, besteht nun die Möglichkeit, mit Konfliktsituationen besser klarzukommen.

Angst bewältigen

Hunde können vor vielen Dingen Angst entwickeln. Manche ertragen das »Pling« der Mikrowelle nicht, andere haben Angst vor Regenschirmen, vor Treppen, vor glattem Untergrund, wiederum andere fürchten sich vor Heißluftballonen. Angstzustände können im Leben eines Hundes immer wieder auftreten. Ganz besonders anfällig für das Entwickeln von Ängsten sind Hunde in den sogenannten sensiblen Phasen des Welpenalters. Aber auch in der Pubertät oder im Alter können ähnlich wie beim Menschen plötzlich Ängste entstehen. Wirklich ängstliche Hunde sind unter unseren heutigen Lebensbedingungen häufig eine Gefahr für sich selbst, aber auch für andere. Ein Hund, der sich panisch aus dem Halsband windet und kopflos auf eine Autobahn rennt, ist meist verloren. Wie aber kann man als Hundehalter erkennen, ob ein Hund nur unsicher ist oder ob er tatsächlich Angst hat?

Angst oder Unsicherheit?

Grundsätzlich sollte man zwischen Unsicherheit bzw. Furcht und Angst unterscheiden. Furcht ist die normale Reaktion auf eine vermeintliche Gefahr. Sie dient dem Überleben, denn sie bringt den Hund aus der gefährlichen Situation. Danach entspannt er sich wieder und zeigt sein normales Verhalten. Der Unsicherheit oder der Furcht eines Hundes kann man mit vielen Trainingsmethoden begegnen. Denn ein unsicherer Hund ist meist noch in der Lage, zu kommunizieren, die soziale Unterstützung durch »seinen« Menschen wahrzunehmen oder sich durch Leckerlis beeinflussen zu lassen.

Die Körpersprache lesen

Sehen Sie genau hin, wenn Sie das Gefühl haben, dass sich Ihr Hund vor etwas fürchtet. Das Bild, das Ihr Hund in seiner vermeintlichen Angst abgibt, kann nämlich trügen: Viele Menschen deuten das Demutsverhalten eines Hundes, das sich durch angelegte Ohren, weit nach hinten gezogene Mundwinkel, eine niedrig oder sogar unter dem Bauch getragene

Gerade junge Hunde können schnell durch unsere Ansprüche an sie überfordert werden. Dann reagieren sie oft ängstlich.

Rute sowie eine geduckte Haltung äußert, bereits als Angst. Eine derartige Körpersprache kann aber in vielen Fällen auch für ein beschwichtigendes Verhalten einem anderen Lebewesen gegenüber sprechen. Lassen Sie sich nicht verwirren: Manche Hunderassen sind aus bestimmten Schönheitsidealen sogar auf dieses Bild hin gezüchtet worden, sodass man bei ihnen ständig in Versuchung ist, sie als ängstlich wahrzunehmen.

Mit Unsicherheit umgehen

Sind Sie zu dem Schluss gekommen, dass Ihr Hund in bestimmten Situationen einfach unsicher ist, gibt es viele kleine Übungen, die zum einen seine Selbstsicherheit stärken, zum anderen direkt am Problem ansetzen. Hier eine kleine Auswahl:

> »Spicken« Sie eine Treppe mit Käsewürfeln, um dem Hund das Unbehagen vor ihr zu nehmen.

> Nähern Sie sich mit Leckerlis einem aufgeklappten Regenschirm, bis das Objekt »Regenschirm« kein Unwohlsein mehr auslöst.

> Stärken Sie durch Zerrspiele, bei denen der Hund gewinnen darf, sein Selbstbewusstsein.

> Versichern Sie Ihren Hund mit Lob Ihres Wohlwollens. Zeigen Sie Ihrem Vierbeiner durch überschäumende Begeisterung, dass er eine Aufgabe wundervoll gemeistert hat.

Mit Angst umgehen

Wirkliche Angst ist nicht so einfach zu kurieren. Ein Hund, der sich bedroht sieht, ist etwa nicht mehr in der Lage, Leckerlis anzunehmen. Haben Sie eine Phobie vor irgendetwas? Dann stellen Sie sich vor, dass jemand Ihnen ein Stück Ihrer Lieblingstorte aufdrängen will, während Sie um Ihr Leben fürchten. Schnell ist klar, dass das nicht funktioniert. Hier müssen Sie anders vorgehen.

Fürchtet sich der Hund oder steht er aus anderen Gründen so da? Manchmal muss man eine Situation schnell bewerten, um richtig zu reagieren.

> Ein Trainingsplan, der einem wirklich ängstlichen Hund helfen kann, sollte mit einem professionellen Hundetrainer erarbeitet werden. Es ist gut möglich, dass dieser auch das Leinentraining zu Hilfe nimmt. So sichert die Leine Ihren Hund ab, damit er nicht in kritischen Situationen in Panik gerät und davonrennt.

Zum anderen kann der Hund beim Training lernen, sich an Ihnen zu orientieren. Wenn Sie ihm klar vermitteln können, dass Sie jede Situation im Griff haben und ihm nichts passiert, wenn er sich an Ihnen orientiert, kann das eine große Hilfe beim Abbau von Ängsten sein.

> Die einzelnen Schritte der gemeinsamen Arbeit müssen individuell an das jeweilige Mensch-Hund-Team angepasst sein. Zuerst muss es Ihr Ziel sein, dass Ihr Hund Vertrauen zu Ihnen entwickelt. Zuvor ist eine gemeinsame Arbeit nicht möglich.

Die **halbfett** gesetzten Seitenzahlen
verweisen auf Abbildungen,
U = Umschlag, UK = Umschlag-
klappe.

Die Inhalte dieses Buches beziehen sich auf die Bestimmungen des deutschen Tier- bzw. Artenschutzes. In anderen Ländern können die Angaben abweichend sein. Erkundigen Sie sich daher im Zweifelsfall bei Ihrem Zoofachhändler oder bei der entsprechenden Behörde.

Adressen

> Fédération Cynologique Internationale (FCI), Place Albert 1er, 13, B-6530 Thuin. www.fci.be
> Deutscher Tierschutzbund e. V., Baumschulallee 15, 53115 Bonn, www.tierschutzbund.de

Wichtiger **Hinweis**

> Alle Ratschläge und Empfehlungen in diesem Buch wurden sorgfältig recherchiert und in der Praxis erprobt. Dennoch können nur Sie selbst entscheiden, ob und inwieweit Sie diese Vorschläge mit Ihrem Hund umsetzen können und möchten. Lassen Sie sich in allen Zweifelsfällen zuvor durch Ihren Hundetrainer oder Tierarzt beraten.

> Weder Autorin noch Verlag können für eventuelle Schäden, die aus den im Buch gegebenen praktischen Hinweisen resultieren, eine Haftung übernehmen.

Fragen zur Haltung

beantworten Ihr Zoofachhändler und der Zentralverband Zoologischer Fachbetriebe Deutschlands e. V. (ZZF), Tel.: 0611/44755332 (nur telefonische Auskunft möglich: Mo 12–16 Uhr, Do 8–12 Uhr), www.zzf.de

Tierärzte

> BPT-Bundesverband praktizierender Tierärzte e. V., www.smile-tierliebe.de
Hier erhalten Sie Adressen von Tierarztpraxen, die mit Naturheilverfahren arbeiten.
> Gesellschaft für ganzheitliche Tiermedizin e. V. (GGTM), www.ggtm.de
> Kooperation deutscher Tierheilpraktiker-Verbände e. V., www.kooperation-thp.de

Adressen im Internet

> www.dogument.de
Zentrum zur Aus- und Weiterbildung im Hundetraining und Beratungshilfe für Problemhunde.
> www.barfers.de
Private Website zur Ernährung mit B.A.R.F und Naturheilpraktik.
> www.canis-kynos.de
Das Zentrum für Kynologie bietet Aus- und Weiterbildung sowie Hundewanderungen an.
> www.futtermedicus.de
Tierärztliche Fütterungsberatung zur Hundeernährung.
> www.gzsdw.de.de
Die Gesellschaft zum Schutz der Wölfe trägt zum besseren Verständnis von Wolf und Hund bei.
> www.mensch-hund-check.de

Wissenschaftliche Auseinandersetzung der Entwicklerin des Checks mit der Beziehung Mensch und Hund.
> www.verhaltenhomöopathie.de
Homöopathische Behandlung für einige Verhaltensweisen von Hunden, kombiniert mit einem Trainingsprogramm.

Bücher, die weiterhelfen

> Feddersen-Petersen, D.: Ausdrucksverhalten beim Hund. Franckh-Kosmos Verlag, Stuttgart
> Feddersen-Petersen, D.: Hundepsychologie, Sozialverhalten und Wesen. Franckh-Kosmos Verlag, Stuttgart
> Fichtlmeier, A., Schmalfuss, U.-K.: Der Hund an der Leine. Fichtlmeiers Hundeschule – Kommunikationshilfe und Signalübermittlung. Franckh-Kosmos Verlag, Stuttgart
> Hoefs, N., Führmann, P.: Das Kosmos Erziehungsprogramm für Hunde. Franckh-Kosmos Verlag, Stuttgart
> Mack, A., Wolf, K.: Mein Hund hat Angst. Gräfe und Unzer Verlag, München
> Mücke, A.: Zufrieden an der Leine. Der Weg zum leinenführigen Hund. Franckh-Kosmos Verlag, Stuttgart
> Rugaas, T.: Hilfe, mein Hund zieht! Animal Learn Verlag, Bernau
> Schaal, M., Daugschieß-Thumm, U.: Die Hundeschule: Lockere Leine. Müller-Rüschlikon, Stuttgart
> Tembrock, G.: Angst. Naturgeschichte eines psychologischen Phänomens. Wissenschaftliche Buchgesellschaft, Darmstadt

Freude am Tier

Die neuen Tierratgeber – da steckt mehr drin

ISBN 978-3-8338-2206-3
64 Seiten

ISBN 978-3-8338-0595-0
64 Seiten

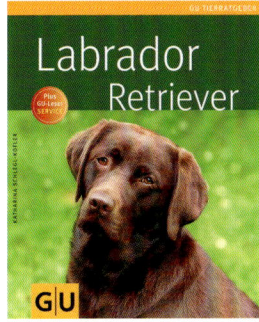

ISBN 978-3-8338-1877-6
64 Seiten

ISBN 978-3-8338-1932-2
64 Seiten

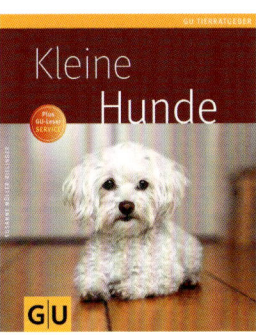

ISBN 978-3-8338-1605-5
64 Seiten

ISBN 978-3-8338-1713-7
64 Seiten

Änderungen und Irrtum vorbehalten.

Das macht sie so besonders:

Praxiswissen kompakt – vermittelt von GU-Tierexperten

Praktische Klappen – alle Infos auf einen Blick

Die 10 GU-Erfolgstipps – so fühlt sich Ihr Tier wohl

Willkommen im Leben.

Unsere Garantie

Alle Informationen in diesem Ratgeber sind sorgfältig und gewissenhaft geprüft. Sollte dennoch einmal ein Fehler enthalten sein, schicken Sie uns das Buch mit dem entsprechenden Hinweis an unseren Leserservice zurück. Wir tauschen Ihnen den GU-Ratgeber gegen einen anderen zum gleichen oder ähnlichen Thema um.

Liebe Leserin und lieber Leser,

wir freuen uns, dass Sie sich für ein GU-Buch entschieden haben. Mit Ihrem Kauf setzen Sie auf die Qualität, Kompetenz und Aktualität unserer Ratgeber. Dafür sagen wir Danke! Wir wollen als führender Ratgeberverlag noch besser werden. Daher ist uns Ihre Meinung wichtig. Bitte senden Sie uns Ihre Anregungen, Ihre Kritik oder Ihr Lob zu unseren Büchern. Haben Sie Fragen oder benötigen Sie weiteren Rat zum Thema? Wir freuen uns auf Ihre Nachricht!

Wir sind für Sie da!
Montag – Donnerstag: 8.00 – 18.00 Uhr;
Freitag: 8.00 – 16.00 Uhr *(0,14 €/Min. aus dem dt. Festnetz/ Mobilfunkpreise
Tel.: 0180 - 5 00 50 54*
Fax: 0180 - 5 01 20 54* maximal 0,42 €/Min.)
E-Mail:
leserservice@graefe-und-unzer.de

P.S.: Wollen Sie noch mehr Aktuelles von GU wissen, dann abonnieren Sie doch unseren kostenlosen GU-Online-Newsletter und/oder unsere kostenlosen Kundenmagazine.

GRÄFE UND UNZER VERLAG
Leserservice
Postfach 86 03 13
81630 München

© 2011
GRÄFE UND UNZER VERLAG GmbH, München

Projektleitung: Regina Denk
Lektorat: Christa Klus-Neufanger
Bildredaktion: Daniela Laußer, Petra Ender (Cover)
Umschlaggestaltung und Layout: independent Medien-Design, Horst Moser, München
Herstellung: Anna Bäumner
Satz: Uhl + Massopust, Aalen
Reproduktion: Longo AG, Bozen
Druck: Firmengruppe APPL, aprinta druck, Wemding
Bindung: Firmengruppe APPL, sellier druck, Freising

Printed in Germany

ISBN 978-3-8338-2303-9

1. Auflage 2011

Umwelthinweis

Dieses Buch ist auf PEFC zertifiziertem Papier aus nachhaltiger Waldwirtschaft gedruckt. Um Rohstoffe zu sparen, haben wir auf Folienverpackung verzichtet.

GRÄFE UND UNZER

Ein Unternehmen der
GANSKE VERLAGSGRUPPE

Die Autorin

Die TV-Journalistin **Leo Busch** hat schon als Kind ihre Liebe zu Hunden entdeckt. Am Canis Zentrum von Dr. Erik Ziemen ließ sie sich zur Hundetrainerin ausbilden und machte Passion zu Profession. Zusammen mit der kynologischen Dozentin Nadin Matthews gründete sie im letzten Jahr »dogument«, ein Zentrum zur Aus- und Weiterbildung von Hundetrainern.

Der Fotograf

Oliver Giel hat sich auf Natur- und Tierfotografie spezialisiert und betreut mit seiner Lebensgefährtin Eva Scherer Bildproduktionen für Bücher, Zeitschriften, Kalender und Werbung. www.tierfotograf.com.

Cover: Oliver Giel
Alle Fotos im Innenteil: Oliver Giel mit Ausnahme:
P. Ender: 40, 41-1, 41-2, 41-3, 41-4, 43-1, 43-2, 43-3, 43-4;
A. Kraft: U2-5; **C. Steimer:** U2-3;
Tierfotoagentur: U5-2, U5-3

Syndication:
www.jalag-syndication.de